MÉMOIRE

SUR

LA THÉORIE DES CARACTÉRISTIQUES EMPLOYÉES DANS L'ANALYSE MATHÉMATIQUE.

PAR

R. LOBATTO.

AMSTERDAM,
C. G. SULPKE.

1837.

MÉMOIRE

SUR LA

THÉORIE DES CARACTÉRISTIQUES.

INTRODUCTION.

1. Les diverses caractéristiques employées dans l'analyse mathématique, n'ont pour but que d'indiquer par un seul signe ou symbole, une opération simple ou composée à effectuer sur la fonction qu'elles affectent. C'est ainsi qu'on a adopté, entre autres, la caractéristique Δ placée devant une fonction, pour représenter d'une manière abrégée, la différence entre la valeur que prend cette fonction par suite d'un accroissement fini de sa variable x, et sa valeur primitive. La nouvelle fonction de x qui en résulte, étant susceptible de la même opération, on a été conduit alors à indiquer cette double opération par la caractéristique Δ^2, au lieu d'écrire $\Delta\Delta$; et, en général, si l'opération dont il s'agit devait être effectuée n fois de suite, il était naturel d'en représenter le résultat à l'aide de la caractéristique Δ^n placée devant la fonction primitive, par analogie avec la notation a^n due à *Descartes*, pour indiquer le produit de n facteurs égaux à la quantité a. Ce dernier mode de notation, en réculant les bornes de l'algèbre ordinaire, a donc servi plus tard à perfectionner l'emploi des caractéristiques, et à contribuer par là aux progrès de l'analyse transcendante. Mais jusqu'ici ces caractéristiques dont le nombre augmente successivement, semblent rester destinées, à n'être

employées que comme des symboles d'opérations, quoique deux savans géomètres modernes *Lorgna* et *Arbogast* eussent déjà proposé quelques nouvelles vues à cet égard, en montrant que ces symboles pouvaient encore être considerés comme des quantités, et détachées des fonctions mêmes; procédé qui constituait, d'après ce dernier géomètre, *la séparation des échelles de dérivation*, et d'où devait résulter une espèce d'algorithme pour parvenir très simplement aux formules de développement, démontrées dans le calcul aux différences finies. On a lieu de s'étonner que des géomètres du premier ordre n'ont pu donner leur assentiment à ce nouveau genre de calcul dont l'idée leur avait paru un peu hazardée, ses procédés ayant d'ailleurs quelquefois conduit à des conséquences erronées ou paradoxales (*). Malgré l'effort tenté depuis par un estimable géomètre M. *Francais*, pour établir la justesse de l'idée heureuse due à *Arbogast* (†), et malgré la conformité des résultats avec ceux obtenus par les méthodes ordinaires, la défaveur primitivement jetée sur la théorie dont il s'agit, parait néanmoins avoir exercé une influence nuisible sur les progrès dont elle était susceptible. Telle est probablement la cause qui a produit l'abandon total auquel cette théorie a été condamnée jusqu'ici. Toutefois, et que l'on nous permette cette observation dans l'intérêt de la science, un examen plus approfondi de la marche de ce calcul, aurait sans doute fait reconnaître, qu'il a un fondement réel dans la nature des caractéristiques, et qu'il importe de le conserver, comme offrant un nouvel instrument propre à étendre les ressources de l'analyse, et à mettre sur la voie de nouvelles decouvertes analytiques. Au surplus, nous ne craignons pas

(*) La croix. *Traité du calc. diff. et integr.* Tom. III, pag. 726.

(†) *Annales de mathem. pures et appliquées.* Tom. III, pag. 244. Ce n'est qu'après avoir terminé mon mémoire que j'ai pu prendre connaissance du travail de M. *Francais.* En le comparant au mien, on remarquera que la matière s'y trouve traitée d'une manière différente, et non pas avec tous les développemens qu'elle comporte; que d'ailleurs les notations adoptées par ce géomètre s'écartent des miennes, pour ce qui concerne les fonctions à deux ou plusieurs variables; de sorte que mes recherches pourront, je pense, ne pas être regardées comme superflues après la publication de l'intéressant travail que je viens de citer, et qui assigne à son auteur une première place parmi les partisans des idées d'*Arbogast*.

d'affirmer, que les conséquences paradoxales, invoquées pour motiver le rejet de la théorie, n'ont pu résulter que d'une fausse application de ses veritables principes, et ne peuvent nullement être attribuées à la théorie elle même.

Le présent mémoire contenant quelques nouvelles recherches sur cette matière, pourra contribuer, j'espère, à faire revivre et à perfectionner une branche d'analyse qui m'a paru tout a fait digne de l'attention des géomètres. Les considérations que nous allons exposer serviront à établir la rigueur des principes que nous avons cru pouvoir adopter comme base de la théorie des caractéristiques.

2. Supposons qu'on ait à effectuer sur une fonction u de x, une suite d'opérations simultanées, indiquées par les signes ou symboles a_0, $a_1\Delta$, $a_2\Delta^2$, etc., dont le premier représente un facteur ordinaire. La fonction résultant de la somme de ces diverses opérations, s'exprimera par la série

$$a_0u + a_1\Delta u + a_2\Delta^2 u + \text{ etc.}$$

Or, rien n'empêche d'adopter un nouveau signe Π, à placer devant la fonction u, pour représenter *l'ensemble* de ces opérations partielles; ce qui revient à poser l'équation ou identité caractéristique

$$a_0 + a_1\Delta + a_2\Delta^2 + \text{etc.} = \Pi$$

d'où l'on tire d'abord

$$a_0 u + a_1\Delta u + a_2\Delta^2 u + \text{etc.} = \Pi u = \left\{a_0 + a_1\Delta + a_2\Delta^2 + \text{etc.}\right\}u.$$

où l'on voit que le polynome provenant de la séparation des caractéristiques, ne doit être regardé que comme une caractéristique unique, qui représente l'ensemble des opérations indiquées par les diverses caractéristiques appliquées à la fonction. Il est visible d'ailleurs qu'une telle séparation sera toujours permise dans ce sens, quelle que soit la nature des caractéristiques partielles, dont l'ensemble constitue la fonction Πu.

3. En désignant avec *Arbogast* par Eu_x, *l'état varié* d'une fonction

de x, c'est-à-dire la valeur qu'elle obtient par le changement de x en $x+1$, cette notation entraine l'équation identique.

$$Eu_x = u_x + \Delta u_x$$

la caractéristique Δ indiquant l'accroissement qu'a subi la fonction dans le passage de x à $x+1$. Or, d'après ce que nous venons de voir, il est permis d'écrire l'équation précédente sous la forme simplifiée

$$Eu_x = (1+\Delta)\, u_x$$

d'où il suit que la caractéristique E pourra toujours être remplacée par la caractéristique binome $(1+\Delta)$ qui lui est équivalent; de même qu'il résulte de l'équation

$$\Delta u_x = E\, u_x - u_x = (E-1)\, u_x.$$

que l'on pourra remplacer la caractéristique Δ, par celle binome $(E-1)$; et c'est dans ce sens qu'il est permis d'établir les rélations caractéristiques:

$$E = 1 + \Delta, \quad \Delta = E - 1. \tag{1}$$

Puisque Eu_x est identique avec u_{x+1}, on voit que pour passer de u_{x+1} à u_{x+2}, ce second état de la fonction devra être représenté par $E.\,E\,u_x$ ou plus simplement par $E^2 u_x$, où l'exposant n'indique qu'une *répétition* de l'opération primitive, à l'instar de la notation $\Delta^2 u_x$ ou $d^2 u_x$. On en conclut sans peine que la valeur générale de la fonction qui repond à un accroissement n quelconque de la variable, c'est-à-dire de u_{x+n}, s'exprimera par $E^n u_x$ ou bien par $(1+\Delta)^n u_x$, en vertu des équations (1). Partant l'expression $E^{-n} u_x$ designera u_{x-n}, ou en d'autres termes, la fonction dont la variable doit subir n fois l'accroissement un, pour réproduire la fonction primitive u_x; de même que $\Delta^{-n} u_x$ ou $\Sigma^n u_x$ sert à représenter la fonction dont la difference finie doit être prise n fois de suite, pour réproduire u_x. C'est ainsi que les exposans negatifs affectés aux caractéristiques, quelque soit la nature de l'opération que celles ci indiquent, servent toujours à énoncer une opération inverse, repetée autant de fois qu'il y a d'unités dans ces exposans.

4. Si dans l'équation

$$\Delta u_x = u_{x+1} - u_x.$$

on change x en $x+1$, ce qui revient à passer de l'état primitif a l'état varié, il viendra

$$\Delta u_{x+1} = \Delta E u_x = u_{x+2} - u_{x+1}$$

ou bien

$$\Delta E\, u_x = E\, u_{x+1} - E\, u_x = E\,(u_{x+1} - u_x) = E\,\Delta u_x$$

d'où l'on voit que la double opération indiquée par la caractéristique composée ΔE, donne le même résultat que celle indiquée par la caractéristique composée $E\Delta$; ce qui veut dire en d'autres termes, qu'il est toujours permis de changer l'ordre de ces deux opérations distinctes. Il en serait de même en combinant deux à deux, les trois caractéristiques Δ, E, d, ainsi qu'il est facile de vérifier ; l'on pourra donc établir les équations caractéristiques.

$$\Delta E = E\Delta. \quad \mathrm{d}E = E\mathrm{d}. \quad \mathrm{d}\,\Delta = \Delta\,\mathrm{d}$$

d'où dérivent encore celles ci:

$$\mathrm{d}\Delta E = \mathrm{d}E\Delta. \quad \Delta\mathrm{d}E = \Delta E\mathrm{d}. \quad E\mathrm{d}\Delta = E\Delta\mathrm{d}.$$

conduisant toutes au même résultat, et qui montrent déjà l'analogie entre les caractéristiques composées, et les produits de la multiplication de quantités quelconques.

5. Mais la propriété *commutative* que nous venons d'énoncer relativement aux trois caractéristiques Δ, E, d, s'étend encore à toutes espèces de caractéristiques simples ou composées. En effet, quelle que soit la nature d'une opération à effectuer sur une fonction donnée u, il sera toujours possible d'en exprimer le résultat au moyen des différences finies de cette fonction, ou bien de ramener le résultat à cette forme, s'il contenait dans ses termes des coefficiens différentiels de divers ordres, vu les relations connues qui existent entre ces dernières quantités et les différences finies des mêmes ordres. Supposons, pour fixer les

idées, que la caractéristique Π, représente l'ensemble de trois opérations indiquées par les caractéristiques $a\,\Delta^{\alpha}$, $b\,\Delta^{\beta}$, $c\,\Delta^{\gamma}$; c'est-à-dire, que l'on ait l'équation identique.

$$\Pi\, u = a\,\Delta^{\alpha} u + b\,\Delta^{\beta} u + c\,\Delta^{\gamma} u$$
$$= (a\,\Delta^{\alpha} + b\,\Delta^{\beta} + c\,\Delta^{\gamma})\, u$$

Supposons en outre que la fonction $\Pi\, u$ doive être soumise à une seconde opération indiquée par la caractéristique

$$\Pi' = a'\,\Delta^{\alpha'} + b'\,\Delta^{\beta'} + c'\,\Delta^{\gamma'}.$$

Le résultat de cette double opération s'exprimera évidemment par l'équation

$$\Pi'\,\Pi\, u = a\,\Pi'\,\Delta^{\alpha} u + b\,\Pi'\,\Delta^{\beta} u + c\,\Pi\,\Delta^{\gamma} u. \qquad \text{(A)}$$

Quant à la valeur de chaque terme, le premier donnera

$$\Pi'\,\Delta^{\alpha} u = (a'\,\Delta^{\alpha} + b'\,\Delta^{\beta'} + c'\,\Delta^{\gamma})\,\Delta^{\alpha} u$$

D'ailleurs puisqu'on a, d'après le calcul aux différences finies,

$$\Delta^{p}.\,\Delta^{q} u = \Delta^{p+q} u = \Delta^{q}.\,\Delta^{p} u$$

la valeur de $\Pi\,\Delta_{\alpha} u$, pourra s'écrire encore sous la forme

$$\Delta^{\alpha}.\,(a'\,\Delta^{\alpha'} + b'\,\Delta^{\beta'} + c'\,\Delta^{\gamma'})\, u = \Delta^{\alpha}.\,\Pi' u,$$

et fournit ainsi l'équation

$$\Pi'\,\Delta^{\alpha} u = \Delta^{\alpha}\,\Pi' u;$$

ce qui établit la propriété commutative des caractéristiques Π, Δ. L'on aura donc identiquement,

$$\left.\begin{aligned} a\,\Pi\,\Delta^{\alpha} u &= a\,\Delta^{\alpha}.\,\Pi' u \\ b\,\Pi'\,\Delta^{\beta} u &= b\,\Delta^{\beta}.\,\Pi' u \\ c\,\Pi\,\Delta^{\gamma} u &= c\,\Delta^{\gamma}.\,\Pi' u \end{aligned}\right\} \qquad \text{(B)}$$

Ajoutant ces trois équations, il viendra en vertu de (A)

$$\Pi'\Pi u = (a\Delta^{\alpha} + b\Delta^{\beta} + c\Delta^{\gamma}).\Pi' u = \Pi\Pi' u$$

ce qu'il fallait prouver.

Cette démonstration étant indépendante du nombre des termes qui composent la valeur de chaque caractéristique, on en conclura, que la propriété dont il s'agit est générale, quelle que soit la forme de la caractéristique, pourvu toutefois que les coefficiens qui affectent les divers termes en Δ soient des *constantes*. Mais on pourra s'en assurer encore, en évaluant les quantités $\Pi'\Pi u$, $\Pi\Pi' u$, en fonction des différences finies de u. Pour cela les rélations (B) nous donnent

$$\begin{aligned} a\Pi'\Delta^{\alpha} u &= aa'\Delta^{\alpha+\alpha'} u + ab'\Delta^{\alpha+\beta'} u + ac'\Delta^{\alpha+\gamma'} u \\ b\Pi'\Delta^{\beta} u &= ba'\Delta^{\beta+\alpha'} u + bb'\Delta^{\beta+\beta'} u + bc'\Delta^{\beta+\gamma'} u \\ c\Pi'\Delta^{\gamma} u &= ca'\Delta^{\gamma+\alpha'} u + cb'\Delta^{\gamma+\beta'} u + cc'\Delta^{\gamma+\gamma'} u \end{aligned}$$

d'où l'on tire, en vertu de l'équation (A),

$$\begin{aligned} \Pi'\Pi u = {} & aa'\Delta^{\alpha+\alpha'} u + ab'\Delta^{\alpha+\beta'} u + ac'\Delta^{\alpha+\gamma'} u \\ & + ba'\Delta^{\beta+\alpha'} u + bb'\Delta^{\beta+\beta'} u + bc'\Delta^{\beta+\gamma'} u \\ & + ca'\Delta^{\gamma+\alpha'} u + cb'\Delta^{\gamma+\beta'} u + cc'\Delta^{\gamma+\gamma'} u \end{aligned} \qquad \text{(C)}$$

En partant de l'équation

$$\begin{aligned} \Pi' u &= a'\Delta^{\alpha'} u + b'\Delta^{\beta'} u + c'\Delta^{\gamma'} u \\ &= (a'\Delta^{\alpha'} + b'\Delta^{\beta'} + c'\Delta^{\gamma'})\, u \end{aligned}$$

pour en déduire, conformément à la marche précédente, la valeur de $\Pi\Pi' u$, on trouverait un résultat identique avec celui indiqué par l'équation (C), d'où l'on conclut de même $\Pi'\Pi u = \Pi\Pi' u$, quelle que soit la forme de chacune des deux caractéristiques, pourvu qu'elle remplisse la condition ci-dessus énoncée.

Il importe maintenant de faire remarquer, qu'en détachant dans le second membre de l'équation (C), la fonction u des caractéristiques Δ, le polynome placé devant cette fonction, et servant de caractéristique composée pour représenter $\Pi'\Pi$ ou $\Pi\Pi'$, formera précisément le produit des deux trinomes

$$a\Delta^{\alpha} + b\Delta^{\beta} + c\Delta^{\gamma}, \qquad a'\Delta^{\alpha'} + b'\Delta^{\beta'} + c'\Delta^{\gamma'},$$

en y considérant le signe Δ, comme représentant une véritable quantité au lieu d'une opération algébrique. Ceci résulte évidemment du procedé même d'après lequel on a obtenu la valeur ou l'expression de cette caractéristique polynome, et qui est tout a fait analogue à celui de la multiplication de deux trinomes ordinaires. Cette propriété importante qui sert de base à la théorie des caractéristiques, confirme d'ailleurs la justesse de la rélation $\Pi'\Pi = \Pi\Pi'$, attendu que la valeur d'un produit ne change pas, en intervertissant l'ordre de ses facteurs.

6. Il n'est pas nécessaire de supposer que l'opération indiquée par un des signes Π, Π', se compose exclusivement des différences finies des divers ordres; on pourra y faire entrer à la fois les coefficiens différentiels de u. Si, pour l'uniformité de la notation, on adopte, ainsi que nous le ferons dans ce mémoire, le signe ∂ pour représenter la fonction prime ou le premier coefficient différentiel $\frac{du}{du}$, et par conséquent ∂^n pour exprimer celui de l'ordre n, chacune des deux opérations dont il s'agit pourra être enoncée plus généralement de la manière suivante:

$$\begin{aligned}\Pi = {} & a + b\,\partial^n + c\,\partial^m + \ldots. \\ & + \alpha\,\Delta^{\alpha'} + \beta\,\Delta^{\beta'} + \gamma\,\Delta^{\gamma'} + \text{etc.}\end{aligned}$$

$$\begin{aligned}\Pi' = {} & a' + b'\,\partial^{n'} + c'\,\partial^{m'} + \ldots. \\ & + A\,\Delta^{\alpha''} + B\,\Delta^{\beta''} + C\,\Delta^{\gamma''} + \text{etc.}\end{aligned}$$

et il est clair qu'il suffira de même de multiplier ces deux équations, pour obtenir le résultat de la double opération $(\Pi'\Pi)$, en fonction de quantités de la forme $k\,\Delta^{\mu}\,\partial^{\lambda}u$.

En généralisant ces idées, on en conclura facilement, qu'étant données les deux équations caractéristiques:

$$\begin{aligned}\Omega &= a + b\,\Pi + c\,\Pi^2 + d\,\Pi^3 + \text{etc.} \\ \Omega' &= a' + b'\,\Pi' + c'\,\Pi'^2 + d'\,\Pi'^3 + \text{etc.}\end{aligned}$$

la fonction représentée par $\Omega'\,\Omega\,u$ ou $\Omega\,\Omega' u$ aura pour valeur

$$\left[(a + b\,\Pi + c\,\Pi^2 + \text{etc.})\,(a' + b'\,\Pi' + c\,\Pi'^2 + \text{etc.})\right]u.$$

On n'aura donc qu'à développer par les procédés connus, le produit indiqué entre les deux crochets, afin d'évaluer le résultat de cette double opération en fonction des quantités de la forme $k\Pi^{\alpha}\Pi'^{\beta}u$, lesquelles pourront à leur tour être exprimées en fonction des différences finies ou des coefficiens différentiels de u, chaque fois que la composition des caractéristiques Π, Π' sera donnée en Δ et ∂.

Dans le cas particulier de $\Pi' = \Pi$, il viendra évidemment

$$\Omega^2 u = (a + b\Pi + c\Pi^2 + \text{etc.})^2 u,$$

et en général

$$\Omega^n u = (a + b\Pi + c\Pi^2 + \text{etc.})^n u,$$

où l'exposant n dans le premier membre de cette équation, n'indique qu'une opération effectuée n fois de suite sur la fonction u, à l'instar des notations $\Delta^n u$, $d^n u, \Pi^n u$. En prenant cet exposant négativement, la fonction $\Omega^{-n} u$, désignera le résultat de l'opération inverse appliquée n fois de suite à la fonction primitive.

7. La séparation des caractéristiques offre très souvent l'avantage de pouvoir exprimer d'une manière très concise, des expressions polynomes dont les termes procèdent d'aprés une loi connue. En effet soit la rélation caractéristique

$$\Pi' = a + b\,\Pi + c\,\Pi^2 + d\,\Pi^3 + \text{etc.}$$

et supposons que le développement

$$a + b\,x + c\,x^2 + d\,x^3 + \text{etc.}$$

représente la valeur d'une fonction algébrique ou transcendante $\varphi(x)$; il est visible que la caractéristique Π' pourra être remplacée alors par le signe $\varphi(\Pi)$, de sorte qu'il sera permis d'écrire

$$a\,u + b\,\Pi\,u + c\,\Pi^2\,u + d\,\Pi^3\,u + \text{etc.} = [\varphi(\Pi)]\,u$$

quelle que soit la nature de la caractéristique Π.

Ainsi, en dénotant, d'après *Laplace*, par ∇y_x, la fonction polynome

$$a\, y_x + b\, y_{x+1} + c\, y_{x+2} + \text{etc.}$$

on aura, en vertu de la notation $y_{x+n} = E^n y_x$, adoptée ci-dessus (n° 3)

$$\nabla y_x = (a + bE + cE^2 + dE^3 + \text{etc.})\, y_x$$

ou bien
$$\nabla y_x = [\phi\,(E)]\, y_x$$

et en général
$$\nabla^n y_x = [\phi\,(E)]^n\, y_x$$

De même les développemens particuliers.

$$u_x + \Delta u_x + \frac{1}{2}\Delta^2 u_x + \frac{1}{2.3}\Delta^3 u_x + \text{etc.}$$

$$u_x - \frac{1}{2} u_{x+2} + \frac{1}{2.3.4} u_{x+4} - \frac{1}{2.3..6} u_{x+6} + \text{etc.}$$

$$u_x + n\, \mathrm{d} u_x + \frac{n.\,n-1}{1.\,2}\mathrm{d}^2 u_x + \frac{n.\,n-1.\,n-2}{1.\,2.\,3}\mathrm{d}^3 u_x + \text{etc.}$$

etc. etc.

dont la loi de formation est évidente, pourront être énoncées plus simplement par les expressions equivalentes

$$(e^{\Delta})\, u_x, \quad (\cos E)\, u_x, \quad (1+\mathrm{d})^n\, u_x.$$

Mais un des plus grands avantages résultant de la séparation des caractéristiques, et qui ne paraît pas avoir été remarqué jusqu'ici, c'est qu'il est permis de transporter la *variabilité* de la fonction à la caractéristique même, de manière que celle ci se transforme en une véritable fonction de la variable x, susceptible par conséquent, de différentiation, d'intégration, et en général de toutes les opérations qu'on peut appliquer aux quantités variables. Tel est le nouveau point de vue sous lequel on peut traiter le développement des fonctions analytiques, et dont nous allons nous occuper spécialement dans ce mémoire. A cet effet notre travail sera divisé en trois parties. La première traitera des fonctions à une seule variable; la seconde de celles à deux ou plusieurs variables. Leurs développemens y seront déduits directement des fonctions caractéristiques et des rélations qui existent entre celles ci, sans récourir au théorême de *Taylor*, qu'on verra découler lui même comme une conséquence de nos principes. La troisième partie contiendra l'application de la théorie des caractéristiques à la recherche de la valeur d'une classe étendue d'intégrales définies.

§ 1. *Développement des fonctions d'une seule variable.*

8. Nous avons vu précédemment qu'en adoptant la caractéristique E pour indiquer l'état varié d'une fonction u_x, produit par un accroissement égal à l'unité de la variable x, on pourra écrire l'équation identique.

$$u_{x+a} = E^a u_x,$$

l'exposant de E énonçant le nombre de fois que l'opération indiquée par cette caractéristique a été effectuée. En vertu de l'identité des caractéristiques E, $(1+\Delta)$, cette équation revient à

$$u_{x+a} = (1+\Delta)^a u_x \qquad (1)$$

Développons, d'après ce qui a été exposé au n°. 6, le second membre de cette équation, on en tirera directement la série connue

$$u_{x+a} = u_x + a\,\Delta u_x + \frac{a.\,a-1}{1.\,2}\,\Delta^2 u_x + \frac{a.a-1.\,a-2}{1.\,2.\,3}\,\Delta^3 u_x + \text{etc.} \qquad (2)$$

servant à interpoler une suite de quantités qui procèdent d'après une loi donnée; on aura de même, en prenant a négatif.

$$u_{x-a} = E^{-a} u_x = \left(\frac{1}{1+\Delta}\right)^a u_x = u_x - a\,\Delta u_x + \frac{a.\,a+1}{1.\,2}\,\Delta^2 u_x + \text{etc.}$$

L'équation (2) suppose à la vérité que l'exposant a soit un nombre *entier*, mais il ne sera pas difficile de prouver qu'elle est également applicable au cas où cet exposant serait un nombre fractionnaire. En effet faisons $a=\frac{m}{p}$, m et p étant deux nombres quelconques ; il est permis d'établir *à priori* que la fonction $u_{x+\frac{m}{p}}$, peut toujours être développée sous la forme suivante

$$u_x+\mathrm{A}\,\Delta u_x+\mathrm{B}\,\Delta^2 u_x+\mathrm{C}\,\Delta^3 u_x+\text{etc.},$$

où les coefficiens constans sont des fonctions de m, p seulement. Pour les déterminer, on observera qu'en supposant dans cette dernière serie, $m=o$, $m=p$, $m=2p$, etc., elle se réduira successivement à la série (2) après y avoir fait $a=o$, $a=1$, $a=2$, etc. On en conclura d'abord que tous les coefficiens A, B, etc., contiendront la quantité m comme facteur; que ces mêmes coefficiens à partir du second B, seront en outre divisibles par $m-p$; que ceux, à partir du troisième C, le seront encore par $m-2p$, etc. Le développement dont il s'agit, pourra en conséquence être presenté aussi qu'il suit.

$$u_{x+\frac{m}{p}}=u_x+\alpha m\,\Delta u_x+\beta m(m-p)\,\Delta^2 u_x+\gamma\, m\,(m-p)(m-2p)\Delta^3 u_x+\text{etc.} \quad (3)$$

Changeons maintenant m en $m+p$, il en résultera

$$u_{x+1+\frac{m}{p}}=u_x+\alpha(m+p)\Delta u^x+\beta m(m+p)\Delta^2 u_x+\gamma(m-p)m(m+p)\Delta^3 u_x+\text{etc.}$$

Mais en écrivant $x+1$ au lieu de x dans la série (3), celle ci donnera également

$$u_{x+1+\frac{m}{p}}=u_{x+1}+\alpha\, m\,\Delta\, u_{x+1}+\beta\, m\,(m-p)\,\Delta^2\, u_{x+1} \quad (4)$$
$$+\gamma\, m\,(m-p)\,(m-2p)\Delta^3\, u_{x+1}+\text{etc.}$$

et en y remplaçant u_{x+1} par $(1+\Delta)u_x$, elle se changera en

$$u_{x+1+\frac{m}{p}} = u_x + (\alpha m+1)\,\Delta u_x + m\,(\alpha+\beta\,(m-p))\Delta^2 u_x$$
$$+ m\,(m-p)\,(\beta+\gamma\,(m-2\,p))\,\Delta^3 u_x + \text{etc.} \qquad (5)$$

Les séries (4) et (5) devant être identiques, la comparaison des termes analogues nous donnera immédiatement pour les valeurs des coefficiens α, β, γ, etc. les rélations

$$\alpha = \frac{1}{p}. \qquad \beta = \frac{1}{2p^2}. \qquad \gamma = \frac{1}{2.3p^3} \text{ etc.}$$

En les substituant dans la série (3), il viendra

$$u_{x+\frac{m}{p}} = [1 + \frac{m}{p}\Delta + \frac{m.\,m-p}{2\,p^2}\Delta^2 + \frac{m.m-p.\,m-2\,p}{1\ 2.\,3.\,p^3}\Delta^3 + \text{etc.}]u_x$$

ou bien

$$u_{x+\frac{m}{p}} = (1+\Delta)^{\frac{m}{p}}\, u_x = E^{\frac{m}{p}}\, u_x,$$

ce qu'il s'agissait de prouver.

D'après cela, si dans l'équation

$$u_{x+a} = E^a\, u_x$$

on change x en a et réciproquement, on pourra écrire encore

$$u_{x+a} = E^x\, u_a$$

quelle que soit la valeur de la variable x. Si l'on prend $a=0$, il s'en suivra

$$u_x = E^x\, u_0$$

ce qui fournit un nouveau mode de notation pour exprimer une fonction quelconque de x, et qui nous sera très utile dans la suite. On en déduit d'abord

$$u_x = (1+\Delta)^x\, u_0 = u_0 + x\Delta u_0 + \frac{x.\,x-1}{1.\,2}\,\Delta^2 u_0 + \text{etc.} \qquad (6)$$

série qui exprime le développement d'une fonction de x, au moyen de ses différences finies de divers ordres, correspondantes à $x=0$.

La rélation caractéristique $\Delta=E-1$, fournira pareillement le développement général

$$\Delta^n u=(E-1)^n u=u_n-n u_{n-1}+\frac{n.n-1}{1.2} u_{n-2}-\text{etc.} \quad (7)$$

Il suit encore de la rélation $(E-\Delta)^x=1$, et en observant qu'en général

$$E^p \Delta^q u_0=\Delta^q E^p u_0=\Delta^q u_p$$

$$u_0=(E-\Delta)^x u_0=u_x-x\Delta u_{x-1}+\frac{x.x-1}{1.2}\Delta^2 u_{x-2}-\frac{x.x-1.x-2}{1.2.3}\Delta^3 u_{x-3}+\text{etc.}$$

C'est dela même manière qu'on déduit de la rélation

$$E^{x+a}=E^{x+a}(E-\Delta)^{-x}$$

$$u_{x+a}=E^{x+a}u_0=u_a+x\Delta u_{a-1}+\frac{x.x+1}{1.2}\Delta^2 u_{a-2}+\frac{x.x+1.x+2}{1.2.3}\Delta^3 u_{a-3}+\text{etc.} \quad (8)$$

en ayant égard à l'équation $E^{a-p}\Delta^p u_0=\Delta^p u_{a-p}$.

Si au lieu d'égaler à l'unité l'accroissement constant de la variable, on suppose $\Delta x=\alpha$, de sorte qu'on ait

$$\Delta u_x=u_{x+\alpha}-u_x$$

ou bien

$$u_{x+\alpha}=u_x+\Delta u_x=(1+\Delta)u_x$$

il s'en suivra évidemment

$$u_{x+k\alpha}=(1+\Delta)^k u_x.$$

Faisant $k\alpha=n$, on en déduira la formule

$$u_{x+n}=(1+\Delta)^{\frac{n}{\alpha}}u_x=u_x+\frac{n}{\alpha}\Delta u_x+\frac{n.n-\alpha}{1.2.\alpha^2}\Delta^2 u_x$$

$$+\frac{n.n-\alpha.n-2\alpha}{1.2.3.\alpha^3}\Delta^3 u_x+\text{etc.} \quad (9)$$

qui est plus générale que le développement (2). La quantité α ayant une valeur arbitraire, on voit que cette série pourrait remplacer l'autre, lorsqu'il s'agit de développer des fonctions périodiques qui donnent $u_x = u_{x+1} = u_{x+n}$, n désignant un nombre entier quelconque ; d'où résulterait pour la série (2), $\Delta u_x = \Delta^2 u_x$ etc. $= 0$, dans quel cas celle-ci cesserait d'être applicable.

9. Les séries (6) à (9) se trouvent demontrées dans la plupart des ouvrages qui traitent du calcul aux différences finies, mais d'une manière beaucoup moins simple, que nous venons de le faire. A la verité, la théorie des fonctions génératrices, due au célèbre *Laplace*, a ouvert une nouvelle voie pour parvenir plus facilement aux mêmes résultats (*). Cependant, ce qui précède suffira déjà pour montrer, ainsi que l'on pourra s'en convaincre plus loin, que la théorie des caractéristiques l'emporte encore sous le rapport de la simplicité des procédés de calcul. Observons ici qu'il devient facile d'augmenter le nombre de ces formules, car il est evident, d'après la marche que nous avons suivie, que toutes les rélations algébriques qu'il est possible d'établir entre les caractéristiques E, Δ, considerées comme des symboles de quantités, feront naître autant de nouvelles séries de l'espèce de celles exposée ci-dessus.

10. Remarquons encore que toute expression de la forme

$$u_x + a_1 u_{x+1} + a_2 u_{x+2} \ldots\ldots + a_n u_{x+n},$$

se transforme facilement en une autre qui ne contienne que la fonction u_x et ses différences finies successives, telle que

$$\alpha u_x + \alpha_1 \Delta u^x + \alpha_2 \Delta^2 u_x \ldots\ldots + \alpha_n \Delta^n u_x.$$

Pour cela, on n'aura qu'à remplacer chaque terme $u_{x+k} = E^k u_x$, par son équivalent $(1+\Delta)^k u_x$, et ordonner ensuite les développemens d'après les puissances de Δ. Mais, à cause de $\Delta = E - 1$, cette opération tant soit peu laborieuse, pourra entièrement être évitée, en appliquant

(*) *Théorie analytique des probabilités.* Liv. I^e, *première partie.*

ici l'algorithme dû à M. *Budan*, pour diminuer d'une unité, les racines d'une équation numérique d'un degré quelconque.

Soit par exemple l'expression

$$u_x + 8\, u_{x+1} - 10\, u_{x+2} + 12\, u_{x+3}.$$

La transformation dont il s'agit s'effectuera très simplement à l'aide du petit calcul suivant :

$$\begin{array}{rrrr} 12 - 10 + 8 & + 1 \\ + 12 + 2 & + 10 + 11 \\ & + 12 + 14 + 24 \\ & + 12 + 26 \\ & + 12 \end{array}$$

donc l'expression donnée sera équivalente à

$$11\, u_x + 24\, \Delta u_x + 26\, \Delta^2 u_x + 12\, \Delta^3 u_x$$

et ainsi des autres du même genre.

L'opération inverse de la précédente pourra s'effectuer d'après le même procédé, en ayant soin seulement de changer les signes qui affectent les coefficiens des puissances impaires de Δ, ainsi que le prescrit l'algorithme dont il s'agit. Nous aurons plus tard l'occasion d'en montrer également une application.

11. Passons maintenant à établir les rapports qui existent entre les coefficiens différentiels d'une fonction de x, et ses différences finies des divers ordres. Nous avons vu ci-dessus (n.° 6), qu'en représentant une fonction u par $E^x u_0$ ou $(1+\Delta)^x u_0$, la variable x qui affecte la caractéristique, se comporte dans le développement comme un exposant de la base E ou $1+\Delta$. Cela posé l'équation

$$u = E^x u_0$$

étant différentiée par rapport à x, nous donnera immédiatement

$$\frac{du}{dx} = \partial u = (\partial E_x)\, u_0 = log E . E_x u_0 = log E .\, u_x = log(1+\Delta) u,$$

Le facteur $l(1+\Delta)$ désigne ici une nouvelle caractéristique d'opération, de sorte qu'en développant celle ci, la rélation précédente revient à

$$\frac{du}{dx} = \partial u = \Delta u - \frac{1}{2}\Delta^2 u + \frac{1}{3}\Delta^3 u - \text{etc.} \qquad (10)$$

Si l'on avait quelque doute sur la legitimité du procédé qui nous a fourni l'équation (9), on pourrait s'en assurer encore de la manière suivante. En supposant que la variable x reçoive l'accroissement fini Δx, la valeur correspondante de u, sera

$$u_{x+\Delta x} = E^{\Delta x}.\, u_x,$$

d'où il suit

$$\Delta u_x = u_{x+\Delta x} - u_x = (E^{\Delta x} - 1)\, u_x$$

$$\frac{\Delta u_x}{\Delta x} = \left(\frac{E^{\Delta x} - 1}{\Delta x}\right) u_x.$$

Or en faisant $\Delta x = 0$, le premier membre de cette équation se réduira, d'après la nature du calcul différentiel, à $\frac{du_x}{dx}$, et le second aura pour limite $(l\,E)\,u_x$, ce qui réproduit la rélation

$$\frac{du}{dx} = \partial u = lE.\,u = l(1+\Delta)\,u; \qquad (11)$$

d'où l'on déduit, par la répétition successive de la même opération,

$$\frac{d^n u}{dx^n} = \partial^n u = (lE)^n u = \{l(1+\Delta)\}^n u; \qquad (12)$$

rélation qui servira à développer le coefficient différentiel d'un ordre quelconque au moyen des différences finies de la fonction proposée.

Puisque la caractéristique ∂^{-1} indique une opération inverse de la différentiation, c'est-à-dire une intégration, la rélation précédente donnera encore, en y prenant n négativement:

$$\int^n u\, dx^n = \partial^{-n} u = \left(\frac{1}{lE}\right)^n u = \left\{\frac{1}{l(1+\Delta)}\right\}^n u. \qquad (13)$$

Il résulte maintenant de l'équation (11), qu'on pourra établir les rélations caractéristiques

$$\partial = l\,E. \quad e^{\partial} = E = 1 + \Delta. \quad \Delta = e^{\partial} - 1.$$

En employant les deux dernières, on parvient aux expressions

$$u_x = E^x u_0 = e^{x\partial} u_0, \quad \Delta u_x = (e^{\partial} - 1)\, u_x,$$

dont la première fournit immédiatement le théorème de *Maclaurin*. En effet après avoir développé la quantité exponentielle $e^{x\partial}$, faisant fonction de caractéristique, il viendra, en observant que $\partial^n u_0$, signifie le coefficient différentiel $\frac{d^n u}{dx^n}$, pris dans l'hypothèse de $x = 0$,

$$u_x = \left(1 + x\partial + \frac{x^2}{1.2}\partial^2 + \frac{x^3}{2.3}\partial^3 + \text{etc.}\right)u_0$$
$$= u_0 + x\frac{du_0}{dx} + \frac{x^2}{1.2}\frac{d^2u_0}{dx^2} + \frac{x^3}{2.3}\frac{d^3u_0}{dx^3} + \text{etc.}$$

A l'aide de la rélation $E = e^{\partial}$, on obtient encore le développement

$$u_{x+n} = E^n u_x = e^{n\partial} u_x = \left(1 + n\partial + \frac{n^2}{1.2}\partial^2 + \frac{n}{2.3}\partial^3 + \text{etc.}\right)u_x$$
$$= u_x + n\frac{du_x}{dx} + \frac{n^2}{1.2}\frac{d^2u_x}{dx^2} + \frac{n^3}{2.3}\frac{d^3u_x}{dx^3} + \text{etc.}$$

ce qui est précisement le théorème de *Taylor* (*)

12. Jusqu'ici la caractéristique Δ a indiqué la différence finie de la fonction, correspondant à un accroissement de x égal a l'unité. Mais si cet accroissement devient n, la rélation entre Δ et E se changera en

$$\Delta = E^n - 1$$

d'où l'on conclura

$$\Delta^r u = (E^n - 1)^r u = (e^{n\partial} - 1)^r u; \tag{14}$$

(*) Dans son mémoire cité, *M. Français* déduit la rélation $E = e^{\partial}$, du theorème de Taylor; on voit maintenant que, sans rien emprunter aux méthodes ordinaires pour le développement des fonctions, on peut établir cette rélation importante à l'aide seulement de l'équation $u_x = E^x u_0$; et le théorème susdit en devient alors une des premières conséquences.

formule au moyen dela quelle on peut exprimer la différence d'un ordre quelconque en fonction des coefficiens différentiels des ordres supérieurs. En prenant r négativement, cette formule donnera le développement de $\Sigma^r u$.

Considérons le produit $a^x u$, dont la différence finie, en prenant celle de x égale à n, deviendra

$$\Delta\, a^x u = a^{x+n} u_n - a^x u = a^x (a^n E^n - 1) u;$$

Si l'on substitue à u une nouvelle fonction $a^n u_n - u = (a^n E^n - 1) u$, l'équation précédente se changera en

$$\Delta\, a^x (a^n E^n - 1)\, u = \Delta^2\, a^x u = a^x (a^n E^n - 1)^2 u.$$

et en continuant la même opération, il en résultera la formule générale

$$\Delta^r\, a^x u = a^x (a^n E^n - 1)^r . \, u = a^x (a^n e^{n\partial} - 1)^r . \, u. \qquad (15)$$

Prenant l'exposant r negatif, on aura encore

$$\Sigma^n\, a^x\, u = a^x \left\{\frac{1}{a^n E^n - 1}\right\}^r u = a^x \left\{\frac{1}{a^n e^{n\partial} - 1}\right\}^r u. \qquad (16)$$

Si l'on différentie le même produit, il viendra

$$\partial .\, a^x\, u = a^x\, \partial\, u + a^x\, u\, l\, a = a^x\, (\partial + l\, a)\, u.$$
$$= a^x\, (l\, E + l\, a) .\, u = a^x .\, l\, (a\, E)\, u.$$

d'où il est aisé de déduire

$$\partial^2 .\, a^x u = a^x (l\, a\, E)^2\, u.$$

et en général

$$\partial^n .\, a^x\, u = a^x\, (l\, a\, E)^n .\, u = a^x \left\{l\, a\, (1 + \Delta)\right\}^n u. \qquad (17)$$

$$\int^n a^x\, u\, \partial\, x^n = a^x \left\{\frac{1}{l\, a\, E}\right\}^n u = a^x \left\{\frac{1}{l\, a\, (1+\Delta)}\right\}^n u. \qquad (18)$$

Les formules (15), (16), (17), (18) paraissent être présentées pour la première fois en 1777 par *Laplace.* Il est bon de faire remarquer ici que les intégrales (16) (18), devront être completées par une fonction $\varphi(x)$, telle que $\partial^n \varphi(x) = 0$, ce qui exige que l'on ait

$$\varphi(x) = \alpha + \beta x + \gamma x^2 + \ldots . \lambda x^{n-1}.$$

13. Soit la série infinie

$$X = a_1 x + a_2 x^2 + a_3 x^3 + \ldots . \text{ etc.}$$

dans laquelle les coefficiens expriment les valeurs successives d'une fonction donnée de n, en y faisant $n=1$, $=2$, $=3$, etc. Le terme général a_n de ces coefficiens pouvant être représenté par $E^n a_0$, la valeur de X prendra la forme suivante

$$X = \left\{ x E + x^2 E^2 + x^3 E^3 + \text{etc.} \right\} a_0$$

$$= \left(\frac{x E}{1 - x E}\right) a_0 = \left(\frac{x}{1 - x E}\right) a_1 = \left(\frac{x}{1 - x - x \Delta}\right) a_1.$$

Or en posant $\frac{x}{1-x} = y$, la dernière caractéristique deviendra

$$\frac{y}{1 - y\Delta} = y + y^2 \Delta + y^3 \Delta^2 + \text{etc.};$$

donc en substituant, il en résultera

$$X = a_1 y + \Delta a_1 y^2 + \Delta^2 a_1 y^3 + \text{etc.} \qquad (19)$$

série qui s'arrêtera au terme y^n, chaque fois que l'on aura $\Delta^n a_1 = 0$. Soit encore la série

$$y = A + Bx + Cx^2 + Dx^3 + \text{etc.}$$

Multiplions ses termes respectivement par les quantités a_0, a_1, a_2, ... qui conduisent à des différences constantes; il s'agit de transformer la nouvelle série

$$Y = Aa_0 + Ba_1 x + Ca_2 x^2 + Da_3 x^3 + \text{etc.}$$

en une expression finie qui soit fonction de y et des quantités données.

Pour y parvenir, remplaçons dans la valeur de Y, le coefficient général a_k par $E^k a_0$, elle pourra s'écrire sous la forme

$$Y = (A + BxE + C x^2 E^2 + D x^3 E^3 + \text{etc.})\, a_0.$$

Or il est aisé de remarquer que la fonction caractéristique renfermée entre les deux parenthèses, représente précisement la valeur de y, après y avoir changé x en $x E$ ou $x(1+\Delta)$, ce qui suppose que x ait reçu l'accroissement $x\Delta$; donc cette fonction caractéristique est égale à $E^{x\Delta} y$. Développant la quantité $E^{x\Delta} = e^{x\partial\Delta}$, il s'en suivra immédiatement,

$$Y = ya_0 + x\,\partial y\, \Delta a_0 + \frac{x^2}{1.2}\,\partial^2 y\, \Delta^2 a_0 + \frac{x^3}{1.2.3}\,\partial^3 y\, \Delta^3 a_0 + \text{etc.} \quad (20)$$

Cette série qui s'arrêtera au terme $\frac{x^n}{2.3..n}\,\partial^n y\, \Delta^n a_0$, toutes les fois que $\Delta^n a_0$ sera une quantité constante, est due ainsi que la précédente au célèbre *Euler*. Ces deux séries se trouvent demontrées d'une autre manière dans l'ouvrage de M. *Lacroix*. (Tom. III. p. 345 et 395.)

Dans le cas particulier de $y = e^x$, la formule (20) donnera

$$a_0 + a_1 x + a_2 \frac{x^2}{1.2} + a_3 \frac{x^3}{2.3} + \text{etc.}$$
$$= e^x \left\{ a_0 + x\,\Delta a_0 + \frac{x^2}{2}\,\Delta^2 a_0 + \frac{x^3}{2.3}\,\Delta^3 a_0 + \text{etc.} \right\}. \quad (21)$$

En écrivant $n\partial$ au lieu de x, cette dernière équation deviendra

$$a_0 + n a_1 \partial + \frac{n^2}{2} a_2 \partial^2 + \frac{n^3}{2.3} a_3 \partial^3 + \text{etc.} = \left\{ a_0 + n\Delta a_0 \partial + \frac{n^2}{1.2}\,\Delta^2 a_0 \partial^2 + \text{etc.} \right\} e^{n\partial}.$$

On peut maintenant placer chaque membre de cette équation comme une caractéristique devant une fonction quelconque u_x; et en observant que $e^{n\partial} u_x = E^n u = u_{x+n}$, on obtiendra,

$$a_0 u_x + n a_1 \partial u_x + \frac{n^2}{2} a_2 \partial^2 u_x + \text{etc.} = a_0 u_{x+n} + n\Delta a_0 \partial u_{x+n} + \frac{n^2}{2}\Delta^2 a_0 \partial^2 u_{x+n} + \text{etc.} \quad (22)$$

d'où l'on voit qu'après avoir multiplié les divers termes de la série de *Taylor*, par les quantités $a_0, a_1, a_2, \ldots$, la somme des produits donnera une nouvelle série toujours susceptible d'une expression finie, lorsque ces quantités conduisent à des différences constantes. Il n'est pas difficile d'entrevoir qu'on pourrait déduire de la même formule (20) encore d'autres résultats utiles.

14. On tire de l'équation fondamentale $u_{x+\alpha} = E^{\alpha} u_x$

$$\Delta' u_x = u_{x+\alpha} - u_x = (E^{\alpha} - 1)\, u_x$$

Δ' indiquant la différence de la fonction, rélative à l'accroissement α de la variable x.

Or, si l'on décompose la caractéristique $E^{\alpha} - 1$, en ses deux facteurs $E^{\frac{\alpha}{2}} - E^{-\frac{\alpha}{2}}$, $E^{\frac{\alpha}{2}}$, il est visible que l'équation précédente pourra s'écrire ainsi

$$\Delta' u_x = (E^{\frac{\alpha}{2}} - E^{-\frac{\alpha}{2}})\, u_{x+\frac{1}{2}\alpha},$$

d'où l'on peut conclure sans peine, en prenant les différences successives:

$$\Delta'^2 u_x = (E^{\frac{\alpha}{2}} - E^{-\frac{\alpha}{2}})^2\, u_{x+\alpha}$$

$$\Delta'^3 u_x = (E^{\frac{\alpha}{2}} - E^{-\frac{\alpha}{2}})^3\, u_{x+\frac{3\alpha}{2}}$$

et généralement

$$\Delta'^n u_x = (E^{\frac{\alpha}{2}} - E^{-\frac{\alpha}{2}})^n\, u_{x+\frac{n\alpha}{2}} = \{e^{\frac{\alpha\partial}{2}} - e^{-\frac{\alpha\partial}{2}}\}^n\, u_{x+\frac{n\alpha}{2}} \qquad (23)$$

ce qui s'accorde parfaitement avec l'expression obtenue par *Laplace*, à l'aide de son calcul des fonctions génératrices (*).

Si l'on y fait $\alpha = 1$, et qu'on change ensuite $x + \frac{n}{2}$ en x, la formule que nous venons d'obtenir, se réduit immédiatement à

$$\Delta^n u_{x-\frac{n}{2}} = (e^{\frac{\partial}{2}} - e^{-\frac{\partial}{2}})^n\, u_x \qquad (24)$$

(*) *Théorie analytique des probabilités.* pag. 41.

Ce dernier résultat a été demontré séparément par *Laplace* (*). On voit cependant qu'il n'est qu'une transformation de la formule (23). Nous allons lui donner une autre forme, qui nous servira a prouver directement une série remarquable due à *Stirling*.

En observant que $\sin(\phi\sqrt{-1}) = \frac{e^{-\phi} - e^{\phi}}{2\sqrt{-1}}$, et mettant i à la place de l'imaginaire $\sqrt{-1}$, l'on pourra écrire

$$e^{\frac{\partial}{2}} - e^{-\frac{\partial}{2}} = -2i\sin\frac{i\partial}{2}.$$

Si maintenant l'on change n en $2n$, la formule (24) se transformera en

$$\Delta^{2n} u_{x-n} = \pm\left(2\sin\frac{i\partial}{2}\right)^{2n} u_x \tag{25}$$

selon que n sera paire ou impaire.

Considérons les deux développemens connus, (†)

$$\cos 2nx = 1 - \frac{n^2}{2}(2\sin x)^2 + \frac{n^2.n^2-1}{2.3.4}(2\sin x)^4 - \frac{n^2.n^2-1\,n^2-4}{2.3.4.5.6}(2\sin x)^6 + \text{etc.}$$

$$\sin 2nx = n\sin 2x\left\{1 - \frac{n^2-1}{2.3}(2\sin x)^2 + \frac{n^2-1.n^2-4}{2.3.4.5}(2\sin x)^4 - \text{etc.}\right\}$$

Lorsqu'on y remplace x par $\frac{i\partial}{2}$, la première de ces séries fournira le développement de la fonction caractéristique $\cos i n\partial$. On aura ainsi, en appliquant cette caractéristique à la fonction u_x, et ayant égard à la formule (25)

$$(\cos in\partial)u_x = u_x + \frac{n^2}{2}\Delta^2 u_{x-1} + \frac{n^2.n^2-1}{2.3.4}\Delta^4 u_{x-2} + \frac{n.^2n^2-1.n^2-4}{2.3.4.5.6}\Delta^6 u_{x-3} + \text{etc.} \tag{26}$$

Quant à la seconde série, remarquons d'abord que le facteur $\sin 2x$

(*) *Théorie analytique des probabilités*. pag. 45.

(†) LAGRANGE. *Leçons sur le calcul des fonctions*. 6 édit. pag. 142.

ou $\sin i\,\partial$ pouvant s'exprimer par

$$\frac{e^{-\partial}-e^{\partial}}{2i}=\frac{E^{-1}-E}{2i}=\frac{(E-1)(E^{-1}+1)}{-2i}=\frac{\Delta(E^{-1}+1)}{-2i},$$

il en résultera,

$$(\sin i\partial)u_x=\frac{-1}{2i}\Delta(E^{-1}+1)u_x=\frac{-1}{2i}\left\{\Delta u_{x-1}+\Delta u_x\right\}$$

et de même

$$(\sin i\partial)\Delta^{2n}u_{x-n}=\frac{-1}{2i}\left\{\Delta^{2n+1}u_{x-n-1}+\Delta^{2n+1}u_{x-n}\right\}$$

D'après cela, la seconde série fournira la suivante:

$$-i(\sin i n\partial)u_x=\frac{n}{2}\Big\{\Delta u_{x-1}+\Delta u_x+\frac{n^2-1}{2.3}(\Delta^3 u_{x-2}+\Delta^3 u^{x-1})$$
$$+\frac{n^2-1.n^2-4}{2.3.4.5}(\Delta^5 u_{x-3}+\Delta^5 u_{x-2})+\text{etc.}\qquad(27)$$

La somme des deux développemens (26) (27) donne immédiatement en vertu de l'équation

$$\cos i n\partial-i\sin i n\partial=e^{n\partial}=E^n,$$

$$E^n u_x=u_{x+n}=u_x+\frac{n^2}{2}\Delta^2 u_{x-1}+\frac{n^2.n^2-1}{2.3.4}\Delta^4 u_{x-2}+\frac{n^2.n^2-1.n^2-4}{2.3.4.5.6}\Delta^6 u_{x-3}+\text{etc.}$$
$$+\frac{n}{2}\left\{\Delta(u_{x-1}+u_x)+\frac{n^2-1}{2.3}\Delta^3(u_{x-2}+u_{x-1})+\frac{n^2-1.n^2-4}{2.3.4.5}\Delta^5(u_{x-3}+u_{x-2})+\text{etc.}\right\};$$

série dont la loi est manifeste, et d'où l'on peut déduire encore la suivante

$$u_x+\frac{n-1}{2}\cdot\frac{1}{2}(u_x+u_{x-1})+\frac{1}{2}\frac{n^2-1}{2.4}\Delta^2(u_{x-1}+u_{x-2})+\frac{1}{2}\frac{n^2-1.n^2-9}{2.4.6.8}\Delta^4(u_{x-2}+u_{x-3})$$
$$+\frac{n}{2}\Delta u_{x-1}+\frac{n.n^2-1}{2.4.6}\Delta^3 u_{x-2}+\frac{n.n^2-1.n^2-9}{2.4.6.8.10}\Delta^5 u_{x-3}+\text{etc.}\qquad(29)$$

En y faisant $x=0$, ces deux formules rentrent dans celles de *Stirling*. (*)

(*) *Tractatus de summatione et interpolatione serierum infinitarum*, pag. 105. *Stirling* y a présenté ces deux séries sous une forme abrégée, sans y ajouter la démonstration. *Laplace* en a donné une basée sur le calcul des fonctions génératrices. (Voyez son ouvrage cité pag. 15.) En la comparant à celle rapportée dans le texte, on aura une nouvelle preuve de ce que nous avons avancé ci-dessus. (n.° 9.)

15. Puisqu'en général

$$E^n + E^{-n} = e^{n\partial} + e^{-n\partial} = 2\cos i n \partial,$$

cette rélation caractéristique fournira l'équation

$$u_{x+n} + u_{x-n} = 2\,(\cos i\, n\, \partial)\, u_x$$

d'où, en mettant $n\sqrt{-1}$, au lieu de n,

$$u_{x+n\sqrt{-1}} + u_{x-n\sqrt{-1}} = 2\,(\cos n\partial)\, u_x. \qquad (30)$$

Donc, en élevant à la puissance $n^{ième}$ l'équation

$$E + E^{-1} = 2\cos i\partial.$$

on en tirera facilement

$$u_{x+n} + n\,u_{x+n-2} + \frac{n.n-1}{1.2}u_{x+n-4} + \text{etc.}\ldots\ldots + u_{x-n} = 2^n(\cos i\partial)^n u_x. \qquad (31)$$

On trouvera pareillement à l'aide de l'équation

$$E - E^{-1} = -\,2i\sin i\partial$$

$$u_{x+n} - n u_{x+n-2} + \frac{n.n-1}{1.2}u_{x+n-4} - \text{etc.}\ldots\ldots \pm u_{x-n} = \pm(2i)^n(\sin i\partial)^n u_x \qquad (32)$$

selon que n est paire ou impaire.

16. La théorie des caractéristiques peut encore être appliquée avec succès à des recherches qui sont du ressort du calcul intégral. C'est ce que nous allons montrer par un exemple utile.

On sait que la quadrature des courbes ou la valeur de l'intégrale $\int y_x dx$ prise entre les limites $x=0$, $x=n$, est susceptible, quelque soit la fonction y_x, d'être calculée approximativement, au moyen des valeurs particulières de cette fonction, correspondantes aux abscisses $x=0, 1, 2\ldots n$, qui croissent par des intervalles égaux à l'unité de longueur; ce qui revient à supposer que la courbe donnée se confond entre ces limites, avec une courbe parabolique passant par les $n+1$ ordonnées $y_0, y_1, y_2, \ldots y_n$. Voici comment on peut obtenir la valeur de $\int_0^n y_x dx$ dans cette hypothèse, sans recourir au calcul intégral. En écrivant $\int y_x dx$ sous la forme

$$\partial^{-1} E^x y_0 = \left(\frac{E^x}{l(E)}\right) y_0 = \left(\frac{(1+\Delta)^x}{l(1+\Delta)}\right) y_0,$$

on voit que sa valeur prise entre les limites $x=0$, $x=n$, aura pour expression

$$\left(\frac{(1+\Delta)^n - 1}{l(1+\Delta)}\right) y_0.$$

Il s'agit maintenant de développer la fonction caractéristique, d'après les puissances positives de Δ. A cet effet remarquons que l'équation dela courbe parabolique devant s'élever au dégré n ième, la fonction y_x aura ses différences finies jusqu'à l'ordre n ième inclusivement; celles des ordres supérieurs devant toutes disparaître. Le développement à effectuer ne pourra par conséquent s'étendre au delà de Δ^n; il sera ainsi dela forme

$$a_0 + a_1\Delta + a_2\Delta^2 + \ldots + a_n\Delta^n;$$

ce qui fournira l'équation caractéristique

$$\frac{n\left\{1 + \frac{1}{2}(n-1)\Delta + \frac{1}{2.3}(n-1)(n-2)\Delta^2 \ldots + \frac{1}{n}\Delta^n\right\}}{1 - \frac{1}{2}\Delta + \frac{1}{3}\Delta^2 - \frac{1}{4}\Delta^3 + \ldots \text{etc.}}$$
$$= a_0 + a_1\Delta + a_2\Delta^2 \ldots + a_n\Delta^n \quad (33)$$

d'où l'on pourra déduire les rélations qui existent entre les coefficiens indéterminés a_0, a_1, a_2 ...., ainsi que leurs valeurs en fonction de n. Pour cela, il faudra multiplier le second membre de l'équation (33) par le dénominateur du premier, en ayant soin de rejéter du produit toutes les puissances de Δ supérieures à n. En opérant de cette manière, la comparaison des termes semblables donnera les rélations suivantes, qui sont faciles à établir:

$$a_0 = n$$
$$a_1 - \frac{1}{2}a_0 = \frac{n.\overline{n-1}}{1.2}$$
$$a_2 - \frac{1}{2}a_1 + \frac{1}{3}a_0 = \frac{n\,\overline{n-1}.\overline{n-2}}{1.2.3}$$
etc. etc.
$$a_n - \frac{1}{2}a_{n-1} + \frac{1}{3}a_{n-2} - \ldots \pm \frac{1}{n+1}a_0 = 0$$

au moyen desquelles on pourra déterminer dans chaque cas particulier les valeurs de a_0, a_1.... en fonction de n. Si l'on fait $a_0 = n\alpha_0$, $a_1 = n\alpha_1$, $a_2 = n\alpha_2$ etc., la quantité

$$(\alpha_0 + \alpha_1\Delta + \alpha_2\Delta^2 \ldots + \alpha_n\Delta^n)\,y_0$$

exprimera la hauteur du rectangle construit sur l'abscisse n comme base, et dont l'aire égale celle de la portion de courbe parabolique indiquée par l'intégrale définie $\int_0^n y_x \mathrm{d}x$. On peut ensuite remplacer la caractéristique Δ par $E-1$, afin de parvenir à un résultat qui soit fonction des ordonnées successives y_0, y_1, y_2.... y_n. Quelques applications serviront à éclaircir cette recherche.

Prenons d'abord le cas le plus simple, qui est celui de $n=2$. La courbe parabolique passera alors par les trois ordonnées y_0, y_1, y_2, et il viendra pour ce cas.

$$\alpha_1 = \frac{n}{2} = 1. \quad \alpha_2 - \frac{1}{2}\alpha_1 + \frac{1}{3} = 0, \text{ donc } \alpha_2 = \frac{1}{6}$$
$$\int y_x \mathrm{d}x = 2\left(1 + \Delta + \frac{1}{6}\Delta^2\right)y_0 = \frac{1}{3}(y_0 + 4y_1 + y_2)$$

en changeant Δ en $E-1$.

Soit, pour second exemple $n=4$, on trouvera

$$\alpha_1 = 2. \quad \alpha_2 = 1 - \frac{1}{3} + 1 = \frac{5}{3}$$
$$\alpha_3 = \frac{5}{6} - \frac{2}{3} + \frac{1}{4} + \frac{1}{4} = \frac{2}{3}$$
$$\alpha_4 = \frac{1}{3} - \frac{5}{9} + \frac{1}{2} - \frac{1}{5} = \frac{7}{90},$$

ce qui donnera

$$\int y_x \, dx = \frac{4}{90}\left\{90 + 180\,\Delta + 150\,\Delta^2 + 60\,\Delta^3 + 7\,\Delta^4\right\} y_0.$$

Pour avoir cette valeur en fonction des cinq ordonnées, il faudra transformer la caractéristique de y_0, en fonction de E; on procédera à cet effet d'après l'algorithme de *Budan*, ainsi qu'il suit : (n.° 10).

$$\begin{array}{rrrrrr}
7 & -\,60 & +\,150 & -\,180 & +\,90 & \\
 & +\,7 & -\,53 & +\,97 & -\,83 & +\,7 \\
 & & +\,7 & -\,46 & +\,51 & -\,32 \\
 & & & +\,7 & -\,39 & +\,12 \\
 & & & & +\,7 & -\,32 \\
 & & & & & +\,7
\end{array}$$

d'où résultera

$$\int y_x \, dx = \frac{4}{90}\left\{7y_0 + 32y_1 + 12y_2 + 32y_3 + 7y_4\right\}$$
$$= \frac{4}{90}\left\{7(y_0 + y_4) + 12\,y_2 + 32\,(y_1 + y_3)\right\}$$

Prenons pour troisième exemple $n = 5$; on aura

$$\alpha_1 = \frac{5}{2}. \quad \alpha_2 = \frac{5}{4} - \frac{1}{3} + 2 = \frac{35}{12}$$
$$\alpha_3 = \frac{35}{24} - \frac{5}{6} + \frac{1}{4} - 1 = \frac{15}{8}$$
$$\alpha_4 = \frac{15}{16} - \frac{35}{36} + \frac{5}{8} - \frac{1}{6} + \frac{1}{5} = \frac{85}{144}$$
$$\alpha_5 = \frac{85}{288} - \frac{5}{8} + \frac{35}{48} - \frac{1}{2} + \frac{1}{6} = \frac{19}{288}$$

donc

$$\int y_x \, dx = \frac{5}{288}\left\{288 + 720\,\Delta + 840\,\Delta^2 + 540\,\Delta^3 + 170\,\Delta^4 + 19\,\Delta^5\right\} y_0.$$

Et en effectuant la transformation de la caractéristique en fonction de E, on aura le calcul suivant.

$$\begin{array}{r}19-170+540-840+720-288\\ +\ 19-151+389-451+269-19\\ +\ 19-132+257-194+75\\ +\ 19-113+144-50\\ +\ 19-\ 94+50\\ +\ 19-75\\ +19\end{array}$$

donc $\int y_x\,dx = \frac{5}{288}\left\{19(y_0+y_5)+75(y_1+y_4)+50(y_2+y_3)\right\}.$

C'est ainsi qu'on pourra obtenir plusieurs autres valeurs plus approchées de l'intégrale qui exprime la quadrature des courbes.

17. Il paraît que *Newton* se soit le premier occupé de cette recherche intéressante. Son opuscule intitulé *Methodus differentialis* se termine par l'énoncé dela formule applicable au cas de quatre ordonnées, mais sans que la démonstration s'y trouve jointe. Après lui *Cotes* et *Stirling* ont poussé les calculs des valeurs approchées, jusqu'au cas de treize ordonnées. Ce dernier géomètre en publiant la suite de ces valeurs qui repondent à un nombre impair d'ordonnées, y a ajouté en même tems une table de corrections servant à augmenter le degré d'approximation que ces valeurs comportent. Les corrections dont il s'agit ne sont en effet que les différences entre les résultats donnés par la formule approximative, et ceux qu'on obtiendrait en faisant passer la courbe par deux ordonnées de plus, la première repondant à l'indice -1, et la seconde à l'indice $n+1$. Notre methode peut servir également à évaluer ces corrections. Pour cela il suffira de considérer que la courbe parabolique devenant alors de l'ordre $n+2$, le produit

$$l(1+\Delta)\left\{a_0+a_1\Delta+a_2\Delta^2\ldots\ldots+a_{n+2}\Delta^{n+2}\right\},$$

(voir l'équat. 33), devra contenir deux termes de plus qui ne s'évanouissent pas. Il restera ainsi à déterminer encore les deux coefficiens a_{n+1}, a_{n+2} ou bien α_{n+1}, α_{n+2}, ce qui s'effectuera au moyen des deux équations :

$$a_{n+1} - \frac{1}{2}a_n + \frac{1}{3}a_{n-1} \ldots \pm \frac{1}{n+2}a_0 = 0$$

$$a_{n+2} - \frac{1}{2}a_{n+1} + \frac{1}{3}a_n \ldots \pm \frac{1}{n+3}a_0 = 0$$

que l'on obtient en suivant la marche déjà indiquée ci-dessus.

Dans le cas de $n=2$, il viendra, d'après les valaurs de α_1, α_2 précédemment obtenues, $\alpha_3 = 0$, $\alpha_4 = -\frac{1}{180}$. Prenant $n = 4$, on trouvera $\alpha_5 = 0$, $\alpha_6 = -\frac{2}{945}$. Ainsi la correction à soustraire s'élevera dans le premier cas, à $\frac{1}{180}\Delta^4 y_0$, et dans le second à $\frac{2}{945}\Delta^6 y_0$ ou environ à $\frac{1}{470}\Delta^6 y_0$; ce qui s'accorde avec les résultats donnés par *Stirling*, en fonction des ordonnées successives (*).

18. On pourrait demander une analyse qui conduise directement à la valeur de l'intégrale, exprimée en fonction des $n+1$ ordonnées, sans passer par celle en fonction des différences finies. Voici comment notre théorie s'applique à cette recherche.

Supposons d'abord le cas d'un nombre impair d'ordonnées. Soit $n=2m$, et mettons l'origine des indices au milieu de l'abscisse $2m$, de sorte que les $2m+1$ ordonnées seront désignées par

$$y_{-m},\ y_{-m+1} \ldots y_{-1},\ y_0,\ y_1 \ldots y_{m-1},\ y_m,$$

ou bien par

$$E^{-m}y_0,\ E^{-(m+1)}y_0 \ldots E^{-1}y_0,\ y_0,\ Ey_0 \ldots E^{m-1}y_0,\ E^m y_0.$$

L'intégrale $\int y_x dx = (\frac{E^x}{\delta})y_0$, devant être prise entre les limites $x=-m$ et $x=m$, deviendra $(\frac{E^m - E^{-m}}{\delta})y_0$. Il faudra maintenant développer la fonction caractéristique en une série de la forme

$$a_{-m}E^{-m} + a_{-m+1}E^{-(m+1)} \ldots + a_m E^m. \qquad \textbf{(A)}$$

(*) *Voyez son ouvrage cité. pag.* 146.

A cet effet on n'aura qu'à y remplacer E par la caractéristique exponentielle e^{∂}, et se borner dans le développement de chaque terme, aux puissances de ∂ inférieures à $2m+1$, à cause que les coefficiens différentiels de y_x disparaissent tous à partir de ceux de l'ordre $n+1$. D'après cela la fonction caractéristique se réduira à

$$m\left\{2+\frac{1}{3}m^2\partial^2+\frac{1}{3.4.5}m^4\partial^4+\ldots+\frac{1}{3.4\ldots 2m+1}m^{2m}\partial^{2m}\right\} \qquad \text{(B)}$$

Cette expression ne contenant que les puissances paires de ∂, il est évident qu'elle ne pourra devenir identique avec la série (A) transformée en fonction de ∂, qu'à moins de faire disparaître dans celle ci, les puissances impaires de ∂, ce qui exige nécessairement qu'on ait $a_{-m}=a_m$, $a_{-m+1}=a_{m-1}\ldots\; a_{-1}=a_1$. Par conséquent la série (A) se réduira à la suivante:

$$a_0+a_1(e^{\partial}+e^{-\partial})+a_2(e^{2\partial}+e^{-2\partial})+\ldots+a_m(e^{m\partial}+e^{-m\partial}),$$

ou bien à celle ci

$$\begin{aligned}&a_0+2a_1+2a_2+\ldots\; 2a_m\\&+(a_1+2^2a_2+3^2a_3+\ldots\; m^2a_m)\,\partial^2\\&+\frac{1}{3.4}(a_1+2^4a_2+3^4a_3+\ldots\; m^4a_m)\,\partial^4\\&\qquad\text{etc.}\qquad\qquad\text{etc.}\\&+\frac{1}{3.4.\;2m}(a_1+2^{2m}a_2+3^{2m}a_3+\ldots\; m^{2m}a_m)\,\partial^{2m}\end{aligned}$$

d'où l'on tire enfin, par la comparaison des termes avec ceux de la série (B), les équations suivantes qui serviront à déterminer les $m+1$ coefficiens $a_0, a_1 \ldots a_m$.

$$\begin{aligned}&a_0+2a_1+2a_2\ldots+2a_m=2m\\&a_1+2^2a_2+3^2a_3\ldots+m^2a_m=\frac{m^3}{3}\\&a_1+2^4a_2+3^4a_3\ldots+m^4a_m=\frac{m^5}{5}\\&\qquad\text{etc.}\qquad\qquad\text{etc.}\\&a_1+2^{2m}a_2+3^{2m}a_3\ldots+m^{2m}a_m=\frac{m^{2m+1}}{2m+1}.\end{aligned}$$

Pour montrer une application de ces formules, prenons le cas de cinq ordonnées, ce qui revient à faire $m=2$. Ecrivons $m\alpha$, $m\alpha_1$ ...., au lieu de a_0, a_1 ....; les équations à résoudre seront

$$\alpha_0 + 2\alpha_1 + 2\alpha_2 = 2. \quad \alpha_1 + 4\alpha_2 = \frac{4}{3}. \quad \alpha_1 + 16\alpha_2 = \frac{16}{5}.$$

Les deux dernières donnent de suite $\alpha_2 = \frac{7}{45}$, et $\alpha_1 = \frac{4}{3} - \frac{28}{45} = \frac{32}{45}$; d'où $\alpha_0 = \frac{12}{45}$; il en résulte pour la valeur approchée de l'intégrale $\int y_x dx$, l'expression

$$\frac{2}{45}\left\{12y_0 + 32(y_{-1} + y_1) + 7(y_{-2} + y_2)\right\}$$

ainsi qu'il a déjà été trouvé ci-dessus (n.° 16).

Lorsque le nombre d'ordonnées est pair, on fera $n=2m+1$, et plaçant toujours l'origine des indices au milieu de l'abscisse n, la série (A) prendra cette forme

$$a_0\left(e^{\frac{\partial}{2}} + e^{-\frac{\partial}{2}}\right) + a_1\left(e^{\frac{3\partial}{2}} + e^{-\frac{3\partial}{2}}\right) + a_2\left(e^{\frac{5\partial}{2}} + e^{-\frac{5\partial}{2}}\right) \ldots\ldots + a_m\left(e^{\frac{m\partial}{2}} + e^{-\frac{m\partial}{2}}\right);$$

et en procédant d'après une marche analogue à la précédente, on parvient facilement aux équations suivantes :

$$a_0 + a_1 + a_2 \ldots\ldots + a_m = \frac{n}{2}$$

$$a_0 + 3^2 a_1 + 5^2 a_2 \ldots\ldots + n^2 a_m = \frac{n^3}{2.3}$$

etc. etc.

$$a_0 + 3^{2m} a_1 + 5^{2m} a_2 \ldots\ldots + n^{2m} a_m = \frac{n^n}{2n}$$

Soit $n=5$, donc $m=2$, et faisant $a=n\alpha$, les équations qui détermineront les valeurs de α_0, α_1, α_2 .... seront dans ce cas particulier,

$$\alpha_0 + \alpha_1 + \alpha_2 = \frac{1}{2}$$
$$\alpha_0 + 9\alpha_1 + 25\alpha_2 = \frac{25}{6}$$
$$\alpha_0 + 81\alpha_1 + 625\alpha_2 = \frac{125}{2}$$

d'où l'on déduira par les méthodes connues,

$$\alpha_0 = \frac{25}{144}. \quad \alpha_1 = \frac{25}{96}. \quad \alpha_2 = \frac{19}{288};$$

donc

$$\int y_x \,\mathrm{d}x = \frac{5}{288} \left\{ 50\,(y_{-\frac{1}{2}} + y_{\frac{1}{2}}) + 75\,(y_{-\frac{3}{2}} + y_{\frac{3}{2}}) + 19\,(y_{-\frac{5}{2}} + y_{\frac{5}{2}}) \right\}$$

ce qui est conforme au résultat précédemment obtenu pour le même nombre d'ordonnées.

§ 2. *Développement des fonctions à deux ou plusieurs variables.*

19. Considérons en premier lieu une fonction u de deux variables x,y. En la désignant par $u_{x,y}$, on pourra écrire, d'après la notation caractéristique

$$u_{xy} = E^x u_{0,y}; \quad \text{ou bien } u_{x,y} = E^y u_{x,0}.$$

Mais, puisque dans la première de ces équations, le signe E se rapporte uniquement à la variabilité de x, et dans la seconde à celle de y, il devient indispensable de distinguer convenablement ces deux cas différens, afin de prévenir toute confusion à cet égard. C'est ce que nous pouvons faire aisément en marquant les deux caractéristiques par la variable à laquelle elles se rapportent. En conséquence nous écrirons l'équation

$$u_{x,y} = E_x^x u_{y,0} = E_y^y u_{x,0}; \tag{34}$$

d'ou résulte encore celle ci

$$u_{x,y}=E_x^x.\,E_y^y\,u_{0.0} \tag{35}$$

Soient maintenant h, k, les accroissemens respectifs des deux variables x, y; la nouvelle valeur de u correspondante à ces accroissemens simultanés, sera indiquée par

$$u_{x+h,y+k}=E_x^h.\,E_y^k.\,u_{x,y}=E_x^h.\,E_y^k\,u. \tag{36}$$

La caractéristique composée placée devant la fonction u, énonce une double opération à effectuer sur celle ci; d'abord une substitution de $x+h$ à x, et ensuite une substitution de $y+k$ à y. Or, le resultat final ne changeant pas, par la commutation des deux caractéristiques E_x^h, E_y^k, (n.° 5), on voit que la nouvelle valeur de u qui provient de cette double opération, restera la même quelle que soit la variable par la quelle on la commence.

20. Si l'on différentie l'équation (34) seulement par rapport à x, on obtiendra

$$\frac{du}{dx}=(lE_x)\,E^x u_{y,0}=(lE_x)\,u, \tag{37}$$

et en continuant ces différentiations partielles,

$$\frac{d^n u}{dx^n}=(lE_x)^n u \tag{38}$$

Il viendra de même, en prenant la différentielle par rapport à y seulement

$$\frac{du}{dy}=(lE_y)u;\quad \text{et en général } \frac{d^n u}{dy^n}=(lE_y)^n u. \tag{39}$$

Différentions à present cette dernière équation m fois de suite par rapport à x, on en tirera immédiatement, en vertu de l'équation (38).

$$\frac{d^{n+m}u}{dx^m dy^n}=(lE_x)^m(lE_y)^n u, \tag{40}$$

Si l'on différentie l'équation

$$\frac{d^m u}{dx^m} = (lE_x)^m u$$

n fois par rapport à y, il en résultera

$$\frac{d^{n+m} u}{dy^n dx^m} = (lE_y)^n (lE_x)^m u ; \qquad (41)$$

d'où l'on peut conclure directement, en vertu de l'identité des fonctions caractéristiques,

$$\frac{d^{n+m} u}{dx^m dy^n} = \frac{d^{n+m} u}{dy^n dx^m};$$

ce qui établit le théorème fondamental du calcul aux differentielles partielles.

Par analogie nous désignerons désormais par les caractéristiques ∂_x, ∂_y, les coefficiens différentiels partiels de la fonction u, pris par rapport à x et à y. Il résulte alors des équations (37) (39) qu'on pourra poser les rélations caractéristiques.

$$\left.\begin{array}{lll} \partial_x = lE_x. & \partial_x^n = (lE_x)^n. & E_x = e^{\partial_x}. \\ \partial_y = lE_y. & \partial_y^n = (lE_y)^n. & E_y = e^{\partial_y}. \end{array}\right\} \qquad (42)$$

D'aprés cela il devient facile d'obtenir la nouvelle valeur de u, due aux accroissemens simultanés h, k des variables x, y. En effet l'équation

$$u_{x+h, y+k} = E_x^h. E_y^k u$$

prendra la forme

$$u_{x+h, y+k} = e^{h\partial_x}. e^{k\partial_y} u = e^{h\partial_x + k\partial_y} u.$$

Donc, en développant la quantité exponentielle qui fait fonction de caractéristique, on trouvera la série :

$$u_{x+h, y+k} = \left\{1 + h\partial_x + k\partial_y + \frac{1}{2}(h\partial_x + k\partial_y)^2 + \frac{1}{2.3}(h\partial_x + k\partial_y)^3 + \text{etc.}\right\} u$$

ou bien

$$\begin{aligned} u_{x+h,y+k} = u &+ h\partial_x u + \frac{h^2}{2}\partial^2{}_x u + \frac{h^3}{2.3}\partial^3{}_x u + \text{etc.} \\ &+ k\partial_y u + kh\partial_x\partial_y u + \frac{h^2k}{2}\partial^2{}_x\partial_y u + \text{etc.} \\ &+ \frac{k^2}{2}\partial^2{}_y u + \frac{hk^2}{2}\partial_x\partial^2{}_y u + \text{etc.} \\ &+ \frac{k^3}{2.3}\partial^3{}_y u + \text{etc.} \end{aligned} \qquad (43)$$

ce qui constitue le théorème de *Taylor* étendu à une fonction de deux variables.

L'équation

$$u_{x,y} = E^x_x . E^y_y u_0,$$

où u_0 énonce la valeur de la fonction u, en y supposant chacune des variables égale à zéro, pourra de même s'écrire sous la forme

$$u_{x,y} = e^{x\partial_x + y\partial_y} u_0,$$

et fournira par un développement analogue au précédent, la série

$$\begin{aligned} u_{x,y} = u_0 &+ x\partial_x u_0 + \frac{x^2}{2}\partial^2{}_x u_0 + \text{etc.} \\ &+ y\partial_y u_0 + xy\partial_x\partial_y u_0 + \text{etc.} \\ &+ \frac{y^2}{2}\partial^2{}_y u + \text{etc.} \end{aligned} \qquad (44)$$

propre à développer une fonction de deux variables, suivant les puissances et les produits de celles ci; et qui, comme l'on voit, n'est qu'une extension du théorème de *Maclaurin*.

21. Posons encore

$$E_x = 1 + \Delta_x, \quad E_y = 1 + \Delta_y.$$

Les caractéristiques Δ_x, Δ_y, indiqueront les différences *partielles* de la fonction prises par rapport aux variables x et y. Conservons d'ailleurs la caractéristique Δ pour indiquer la différence *totale* de la fonction due aux accroissemens simultanés h, k. Il est évident qu'il en résultera l'équation

$$\Delta u_{x.y} = (E_x^h E_y^k - 1)u = \{(1+\Delta_x)^h (1+\Delta_y)^k - 1\} u$$
$$= (e^{h\partial_x + k\partial_y} - 1) u$$

et en général

$$\Delta^n u_{x.y} = \{(1+\Delta_x)^h (1+\Delta_y)^k - 1\}^n u = \{e^{h\partial_x + k\partial_y} - 1\}^n y\,; \quad (45)$$

rélation par laquelle il devient possible d'exprimer la différence *totale* d'un ordre quelconque, en fonction des coefficiens différentiels partiels à partir de ceux du même ordre.

En prénant n négatif, cette différence se changera en une intégrale finie, de sorte qu'on aura

$$\Sigma^n u_{x.y} = \left\{\frac{1}{(1+\Delta_x)^h (1+\Delta_y)^k - 1}\right\}^n u = \left\{\frac{1}{e^{h\partial_x + k\partial_y} - 1}\right\}^n u \qquad (46)$$

Lorsque les accroissemens h, k deviennent infiniment petits, la différence Δ se changera en différentielle totale d, et l'on aura d'après la formule (43), en y négligeant les puissances de h, k supérieures à la première

$$\mathrm{d}u = \mathrm{d}x\, \partial_x u + \mathrm{d}y\, \partial_y u\,;$$

ce qui fournit la rélation caractéristique

$$\mathrm{d} = \mathrm{d}x \partial_x + \mathrm{d}y \partial_y,$$

d'où l'on tire, par des opérations répétées,

$$\mathrm{d}^n = (\mathrm{d}x\, \partial_x + \mathrm{d}y\, \partial_y)^n.$$

Donc, après avoir développé le second membre de cette équation, il viendra

$$\mathrm{d}^n u = \partial_x^n u \mathrm{d}x^n + n \partial_x^{n-1} \partial_y u \mathrm{d}x^{n-1} \mathrm{d}y + \frac{n.n-1}{1.2} \partial_x^{n-2} \partial^2{}_y u \mathrm{d}x^{n-2} \mathrm{d}y^2 \ldots + \partial_y^n u \mathrm{d}y^n \qquad (47)$$

22. Maintenant il est aisé de s'appercevoir que les formules précédentes s'étendent de même aux fonctions d'un nombre quelconque de variables, la marche du calcul restant toujours la même. Ainsi, en

désignant par u, une fonction des variables x, y, z, t...., dont les accroissemens respectifs soient h, h_1, h_2, h_3....; par Δ_x, Δ_y, Δ_z...., ses différences partielles ; par E_x, E_y, E_z...., les états variés relatifs à chacune de ces variables séparement ; et par ∂_x, ∂_y, ∂_z...., les coefficiens différentiels partiels dans la même hypothèse, on aura évidemment, en appelant Eu l'état varié *total* de la fonction u, dû aux accroissemens simultanés de toutes les variables, les rélations suivantes analogues à celles que nous venons d'obtenir pour les fonctions à deux variables.

$$u = (E_x^x E_y^y E_z^z E_t^t \ldots.)u_0 \tag{48}$$

$$Eu = (E_x^h E_y^{h_1} E_z^{h_2} E_t^{h_3} \ldots.)u \tag{49}$$

$$\frac{d^{m+n+p+q+\cdots}u}{dx^m dy^n dz^p dt^q \ldots} = \partial_x^m \partial_y^n \partial_z^p \partial_t^q \ldots. u = ((lE_x)^m (lE_y)^n (lE_z)^p (lE_t)^q \ldots.)u \tag{50}$$

$$Eu = \{e^{h\partial_x + h_1\partial_y + h_2\partial_z + \cdots}\}u$$

$$\begin{aligned} Eu = u &+ h\partial_x u + \tfrac{1}{2} h^2\partial^2{}_x u + hh_1\partial_x\partial_y u + \text{etc.} \\ &+ h_1\partial_y u + \tfrac{1}{2} h_1{}^2\partial^2{}_y u + hh_2\partial_x\partial_z u + \text{etc.} \\ &+ h_2\partial_z u + \tfrac{1}{2} h_2{}^2\partial^2{}_z u + h_1h_2\partial_y\partial_z u + \text{etc.} \\ &+ \text{etc.} \quad + \text{etc.} \quad + \text{etc.} \end{aligned} \tag{51}$$

$$\begin{aligned} \Delta^n u &= \{(1+\Delta_x)(1+\Delta_y)(1+\Delta_z)\ldots. - 1\}^n u \\ &= (e^{h\partial_x + h_1\partial_y + h_2\partial_z + \cdots.} - 1)^n u \end{aligned} \tag{52}$$

$$\begin{aligned} \Sigma^n u &= \left\{\frac{1}{(1+\Delta_x)(1+\Delta_y)(1+\Delta_z)\ldots. - 1}\right\}^n u \\ &= \left\{\frac{1}{e^{h\partial_x + h_1\partial_y + h_2\partial_z + \cdots.} - 1}\right\}^n u \end{aligned} \tag{53}$$

$$du = (dx\,\partial_x + dy\,\partial_y + dz\,\partial_z + \ldots.)u \tag{54}$$

$$d^n u = (dx\,\partial_x + dy\,\partial_y + dz\,\partial_z + \ldots.)^n u \tag{55}$$

Les formules (52) à (55) s'accordent avec celles données par *Laplace* pour le même objet (*); mais on voit que la théorie des caractéristiques permet de présenter ces formules sous une forme plus simple, qui dispense en même tems de transporter aux diverses caractéristiques les exposans des variables qu'elles affectent, ce qui n'est pas un des moindres avantages de cette théorie.

23. Si l'on différentie la valeur de du seulement par rapport à l'une des variables x, la formule (54) donnera, conformément à notre notation

$$\begin{aligned}\partial_x \mathrm{d}u &= \{\mathrm{d}x\,\partial^2_x + \mathrm{d}y\,\partial_x\partial_y + \mathrm{d}z\,\partial_x\partial_z + \ldots\}u \\ &= \{\mathrm{d}x\,\partial_x + \mathrm{d}y\,\partial_y + \mathrm{d}z\,\partial_z + \ldots\}\,\partial_x u,\end{aligned}$$

et puisqu'on parvient au même résultat, en écrivant dans la formule citée $\partial_x u$ au lieu de u, on en tirera la rélation différentielle,

$$\partial_x \mathrm{d}u = \mathrm{d}\partial_x u \tag{56}$$

également applicable à chacune des autres variables, et d'où l'on peut déduire les rélations caractéristiques:

$$\partial_x \mathrm{d} = \mathrm{d}\partial_x. \quad \partial_y \mathrm{d} = \mathrm{d}\partial_y. \quad \partial_z \mathrm{d} = \mathrm{d}\partial_z. \quad \text{etc.}$$

ce qui signifie que le coefficient différentiel partiel de la différentielle totale d'une fonction, pris par rapport à une variable quelconque, donne la même valeur que la différentielle totale du coefficient differentiel partiel dont il s'agit.

Il faut observer cependant que cette propriété des fonctions suppose nécessairement que les variables x, y, z...., soient tout a fait indépendantes entre elles. S'il n'en était pas ainsi, l'équation (56) cesserait d'être vraie, par rapport à toutes les variables indistinctement. Pour savoir ce qu'elle deviendrait dans ce cas, considérons y comme une fonction de x, et admettons en outre que les autres variables soient liées entre elles par les équations

$$z = \frac{\mathrm{d}y}{\mathrm{d}x}, \quad t = \frac{\mathrm{d}z}{\mathrm{d}x}, \quad \text{etc.}$$

(*) *Théorie analytique des probabilités.* pag. 45.

Dans ce cas particulier l'équation différentielle

$$du = (dx\,\partial_x + dy\,\partial_y + dz\,\partial_z + \ldots.)u$$

fournira de même par rapport aux variables x, y, les rélations

$$\partial_x du = d\partial_x u. \qquad \partial_y du = d\partial_y u.$$

Quant à la différentiation par rapport à z seulement, comme la quantité dy est égale à zdx, la valeur de du devra être remplacée par la suivante

$$du = \{dx\,(\partial_x + z\partial_y) + dz\,\partial_z + \ldots.\}u$$

d'où l'on tire, en prenant dx constante, ou en supposant que x est la variable indépendante

$$\begin{aligned}\partial_z du &= \{dx\,(\partial_z\partial_x + \partial_y + z\partial_z\partial_y) + dz\,\partial^2_z + \ldots.\}u \\ &= \{dx\,\partial_y + (dx\,\partial_x + dy\,\partial_y + dz\,\partial_z + \ldots.)\partial_z\}u \\ &= dx\,\partial_y u + d\,\partial_z u. \end{aligned} \qquad (57)$$

On obtiendra pareillement, en différentiant par rapport à t, et remplaçant la différentielle dz, par sa valeur tdx, l'équation

$$\partial_t du = dx\,\partial_z u + d\,\partial_t u \qquad (58)$$

et ainsi des autres.

24. Les nouvelles rélations différentielles que nous venons de trouver, sont propres à rechercher les conditions d'intégrabilité des fonctions différentielles d'un ordre quelconque, et contenant une seule variable indépendante. En effet soit $du = Vdx$, V étant une fonction de deux variables x, y et des coefficiens différentiels de y, jusqu'à celui de l'ordre n inclusivement. Mettons pour abréger

$$\frac{dy}{dx} = p_1. \quad \frac{d^2y}{dx^2} = p_2. \quad \frac{d^3y}{dx^3} = p_3. \text{ etc. } \quad \frac{d^ny}{dx^n} = p_n.$$

La fonction V étant différentiée par rapport à toutes les variables x, y, p_1, p_2 ...., p_n, donnera

$$dV = Xdx + Ydy + P_1dp_1 + P_2dp_2 \ldots. + P_ndp_n;$$

d'où il suit, à cause de $V = \frac{1}{dx} du$

$$X = \partial_x V = \frac{1}{dx} \partial_x du$$
$$Y = \partial_y V = \frac{1}{dx} \partial_y du$$
$$P_1 = \partial_{p_1} V = \frac{1}{dx} \partial_{p_1} du$$
$$\text{etc.} \qquad \text{etc.}$$

ces rélations étant appliquées aux diverses variables, deviennent en vertu de celles (57) (58), les suivantes.

$$\begin{aligned} X &= \frac{1}{dx} d\partial_x u \\ Y &= \frac{1}{dx} d\partial_y u \\ P_1 &= \partial_y u + \frac{1}{dx} d\partial_{p_1} u \\ P_2 &= \partial_{p_1} u + \frac{1}{dx} d\partial_{p_2} u \\ &\cdot \quad \cdot \quad \cdot \quad \cdot \quad \cdot \quad \cdot \\ P_n &= \partial_{p_{n-1}} u ; \end{aligned} \tag{A}$$

la valeur du dernier coefficient P_n devant se borner à un terme unique, attendu que la fonction u ne saurait contenir un coefficient différentiel d'un ordre supérieur à $n-1$.

Il est visible maintenant, qu'en différentiant la valeur de P_1 une seule fois, celle de P_2 deux fois, et ainsi de suite, on en déduira immédiatement

$$Y - \frac{1}{dx} dP_1 + \frac{1}{dx^2} d^2P_2 - \frac{1}{dx^3} d^3P_3 \ldots \pm \frac{1}{dx^n} d^nP_n = 0; \tag{59}$$

énonçant l'équation de condition pourque la fonction Vdx soit une différentielle exacte, et qui a été donnée pour la première fois par *Euler*.

En regardant les quantités P_1, P_2...., comme des fonctions de la variable indépendante x, l'équation (59) pourra s'écrire plus simplement ainsi qu'il suit.

$$Y = \partial P_1 - \partial^2 P_2 + \partial^3 P_3 \ldots\ldots \pm \partial^n P_n.$$

Il est facile de déduire encore des équations (A), les relations suivantes

$$\begin{aligned}
\partial_y u &= P_1 - \partial P_2 + \partial^2 P_3 \ldots\ldots \pm \partial^{n-1} P_n \\
\partial_{p_1} u &= P_2 - \partial P_3 + \partial^2 P_4 \ldots\ldots \mp \partial^{n-2} P_n \\
\partial_{p_2} u &= P_3 - \partial P_4 \ldots\ldots \pm \partial^{n-3} P_n \\
\partial_{p_{n-1}} u &= P_n.
\end{aligned}$$

qui pourront servir à évaluer les divers coefficiens différentiels partiels de la fonction u, au moyen de ceux de la fonction V.

Si l'on avait $d^2 u_1 = V dx^2$, ou bien $du_1 = u dx$, il est evident que $V dx^2$ ne pourra être une différentielle exacte du second ordre, à moins que les valeurs des coefficiens différentiels de la fonction u ne satisfassent à l'équation (59). Donc en y substituant leurs expressions précédentes, on en tirera, pour condition de double intégrabilité.

$$P_2 - 2\partial P_3 + 3\partial^2 P_4 \ldots\ldots \pm n\partial^{n-1} P_n; \qquad (60)$$

et en poursuivant de la même manière, on obtiendra sans peine l'équation de condition générale applicable au cas où la fonction $V dx^n$ soit une différentielle exacte de l'ordre n.

25. On peut encore, à l'aide de notre théorie, parvenir assez simplement au théorême général de *Laplace* sur le développement des fonctions, et qui comprend comme cas particulier celui que *Lagrange* à donné le premier en 1768, dans les mémoires de l'académie de Berlin (*). Soit $y = F(a + xz)$, z étant une fonction quelconque de y. En différentiant la valeur de y successivement par rapport aux quantités a, x, on en tirera facilement l'équation

$$\partial_x y = z \partial_a y.$$

(*) Lacroix. *Traité du calcul différ. et intégr.* Tom. I. pag. 279.

ce qui établit la rélation caractéristique

$$\partial_x = z\partial_a. \tag{α}$$

Or, puisqu'on a

$$dy = (dx\partial_x + da\partial_a)y,$$

le produit zdy qui représente la différentielle d'une fonction de y aura pour valeur

$$(dx\, z\partial_x + da\, z\partial_a)y$$

ou bien, en vertu de l'équation (α),

$$(dx\, z^2\partial_a + da\, \partial_x)y.$$

Cette expression devant être une différentielle exacte, elle fournira d'après la propriété des coefficiens différentiels partiels (n.° 20), la nouvelle rélation caractéristique

$$\partial_x \partial_x = \partial^2_x = \partial_a (z^2\partial_a)$$

donc

$$\partial^2_x y = \partial_a (z^2\partial_a y).$$

Remarquons à présent que la rélation

$$\partial^2_x = (z\partial_a)(z\partial_a) = \partial_a (z\partial^2_a) \tag{β}$$

signifie que dans la seconde différentiation par rapport à x, le facteur z qui entre dans la seconde caractéristique, passe à la première; d'où il est permis de conclure, qu'en différentiant de nouveau par rapport à x, on aura

$$\partial^3_x = z\partial_a (\partial_a z^2\partial_a) = \partial_a (z\partial_a z^2\partial_a) = \partial_a \partial_a (z^3\partial_a) = \partial^2_a (z^3\partial_a)$$

et en continuant ces différentiations, on pourra en dériver la rélation générale

$$\partial^n_x = \partial^{n-1}_a (z^n\partial_a)$$

ou bien

$$\partial^n_x y = \partial^{n-1}_a (z^n\partial_a y). \tag{γ}$$

Cette équation remarquable peut être établie encore de la manière suivante.

Si l'on multiplie la valeur de dy par z^2, le produit qui devra représenter également une différentielle exacte, sera

$$(\mathrm{d}x\, z^2\partial_x + \mathrm{d}a\, z^2\partial_a)y,$$

ou bien $$(\mathrm{d}x\, z^2\partial_a + \mathrm{d}a\, z^2\partial_a)y,$$

par conséquent $$\partial_a(z^2\partial_a) = \partial_x(z^2\partial_a).$$

Une seconde différentiation par rapport à a, donnera

$$\partial^2_a(z^3\partial_a) = \partial_a\partial_x(z^3\partial_a) = \partial_x\partial_a(z\partial^3_a) = \partial^3_x$$

en vertu de la rélation (β).

En opérant de même sur le produit z^ndy, on peut prouver immédiatement, que si l'équation (γ) est vraie pour $n-1$, elle le sera également pour n.

Cela posé, soit $u=\psi(y)$, u sera pareillement fonction de la quantité $a+xz$, d'où il suit que la relation (γ) pourra s'appliquer encore à la fonction u, et donnera ainsi

$$\partial^n_x u = \partial^{n-1}_a(z^n\partial_a u)$$

Or, en faisant usage du théoréme de *Maclaurin*, on obtiendra pour le développement de u, suivant les puissances ascendantes de la variable x la série

$$u = \psi(y) = \mathrm{U} + xz\partial_a u + \frac{x^2}{2}\partial_a(z^2\partial_a u) + \frac{x^3}{2.3}\partial^2_a(z^3\partial_a u) + \text{etc.};$$

les valeurs des coefficiens différentiels par rapport à a, étant celles qui correspondent à $x=0$, et U désignant la valeur de u ou $\psi(y)$ dans la même hypothése.

26. On démontre avec la même facilité le théoréme dû à *Burmann*, servant à développer une fonction X de x, suivant les puissances d'une seconde variable u, également fonction de x.

En effet soit z une autre fonction de x, telle qu'elle s'évanouisse en même tems que u pour une valeur particulière de $x=a$, sans qu'il en arrive autant à leur rapport $\frac{z}{u}=p$.

D'après ces conditions en pourra poser

$$z = (x - a)\,P$$

et en même tems (a)

$$pu = (x - a)\,P$$

P exprimant une fonction de x qui ne s'évanouisse pas, pour la valeur de $x = a$. Puisque x peut être considérée comme une fonction de z et u, il en sera de même de la fonction P. Donc, en différentiant les équations (a), la premiere par rapport à la variable z, et la seconde par rapport à la variable u, on en tirera, dans l'hypothèse de $x = a$, qui donne $u = 0$, les rélations suivantes:

$$1 = P\,\partial_z x. \qquad p' = P\,\partial_u x$$

p' denotant la valeur de p qui correspond à $x = a$.

L'élimination de P fournira la rélation

$$\partial_u x = p'\,\partial_z x\,, \qquad (b)$$

seulement applicable à l'hypothèse dont il s'agit.

Multiplions l'équation

$$dx = (dz\partial_z + du\partial_u)x$$

par la quantité p fonction de x, son second membre deviendra

$$(dz\,p\partial_z + du\,p\partial_u)x\,,$$

et puisqu'il représente une différentielle exacte, il faut qu'on ait

$$\partial_u(p\partial_z x) = \partial_z(p\partial_u x).$$

Le premier membre de cette équation donnera évidemment pour $z = 0$, la même valeur que le second membre en y supposant $u = 0$. Or, ces hypothèses pouvant être réalisées avant d'effectuer les différentiations partielles rélativement à u et z, les produits $p\partial_z x$, $p\partial_u x$ se réduiront, en vertu de la rélation (b), à $\partial_u x\,, p'^2\partial_z x$; donc il viendra, dans ce cas particulier,

$$\partial^2_u x = \partial_z(p'^2\,\partial_z x)$$

Si l'on multiplie la valeur de dx par p^n, on en déduirait, d'après une marche analogue à celle du n.° précédent, l'équation générale

$$\partial_u^n x = \partial_z^{n-1}(p'^n \partial_z x).$$

Soit maintenant X une fonction quelconque de x, cette derniere propriété sera également applicable à X, ce qui donnera

$$\partial_u^n \mathrm{X} = \partial_z^{n-1}(p'^n \partial_z \mathrm{X}) \qquad (c)$$

p' exprimant toujours la valeur du rapport $\frac{z}{u}$, en y supposant $x = a$, et les coefficiens différentiels par rapport à chacune des variables z, u devant être pris dans la même hypothèse. Au moyen dela rélation (c), le théorême de *Maclaurin* pourra être appliqué comme dans le n.° précédent, afin d'obtenir le développement de X en fonction de la variable u. (*)

§ 3. *Recherches sur la valeur de quelques intégrales définies.*

27. Nous allons établir préalablement par notre théorie quelques propriétés générales des intégrales definies, dont la démonstration est moins simple par les méthodes ordinaires.

Soit y une fonction continue de x, depuis $x=a$ jusqu'à $x=b$, l'intégrale $\int y\mathrm{d}x = \frac{E^x}{\partial} y_0$, prise entre ces limites aura évidemment pour valeur

$$\left(\frac{E^b - E^a}{\partial}\right) y_0 = \left(\frac{E^b - E^a}{lE}\right) y_0. \qquad (a)$$

(*) Le théorême de *Burmann* se trouve demontré d'une manière assez prolixe dans les additions qui terminent le 3e volume de l'ouvrage de M. *Lacroix*. Cette démonstration a été reproduite encore dans l'article *Burmannische Reihe*, du supplément au Dictionnaire mathématique de *Klugel*, publié par le savant Professeur *Grunert* a Brandembourg.

Partageons l'intervalle $b-a$ en n parties égales à h, de sorte que l'on ait $b=a+nh$; la fonction y prendra pour les $n+1$ valeurs de x

$$a, \quad a+h, \quad a+2h \ldots . a+nh,$$

les valeurs correspondantes

$$y_a, E^h y_a, E^{2h} y^a \ldots . E^{nh} y_a.$$

La somme S des n premiers termes de cette série, multipliés chacun par l'intervalle h, aura pour expression

$$S = h(1+E^h+E^{2h} \ldots . + E^{(n-1)h}) y_a = h\left(\frac{E^{nh}-1}{E^h-1}\right) y_a = h\left(\frac{E^b-E^a}{E^h-1}\right) y_o$$

On trouvera de même pour la somme S' des n derniers termes de cette série, multipliés chacun par h

$$S' = hE^h\left(\frac{E^b-E^a}{E^h-1}\right) y_o$$

d'où il suit

$$S'-S = h(E^b-E^a) y_o = h(y_b-y_a).$$

Donc en prenant l'intervalle h infiniment petit, la différence $S'-S$ sera également une quantité infiniment petite. Les deux sommes S, S', auront ainsi pour limite commune, l'expression $h\left(\frac{E^b-E^a}{E^h-1}\right) y_o$ prise dans l'hypothèse dont il s'agit. Or la fonction $\frac{h}{E^h-1}$ qui entre comme facteur dans la fonction caractéristique, ayant pour limite $\frac{1}{lE}$, il en résulte immédiatement, en vertu de l'équation (α), que l'intégrale définie $\int_b^a y\,dx$ exprimera la limite commune aux deux sommes S, S', ainsi qu'on peut le prouver à l'aide d'une construction géométrique, en représentant par y l'ordonnée d'une courbe, et par S, S', les sommes des rectangles inscrits et circonscrits à l'aire comprise entre les ordonnées correspondantes aux deux limites de x; ce qui fournit, comme l'on sait, un moyen pour obtenir approximativement la valeur de cette intégrale définie.

28. Si la fonction y devenait infinie pour une valeur de $x=c$, com-

prise entre les limites de l'intégration, les considérations précédentes donneraient lieu à un résultat affecté d'une quantité imaginaire. C'est ce qui se demontre facilement ainsi qu'il suit. Mettons la fonction y sous la forme $\frac{\Phi(x)}{x-c}$, $\phi(x)$ ne devenant infinie ni égale à zéro pour $x=c$, il s'agira d'évaluer $\int_a^b \frac{\Phi(x)}{x-c}\,dx$. A cet effet posons pour simplifier $x=t+c$, $b-c=\alpha$ et $c-a=\beta$, on aura $\phi(x)=\phi(t+c)=E^t\phi(c)$,

donc
$$\int_a^b \frac{\Phi(x)}{x-c}\,dx=\int_{-\beta}^{\alpha}\left(\frac{E^t}{t}\right)dt\,\phi(c).$$

Or en développant la fonction caractéristique, on a

$$\begin{aligned}\int\frac{E^t}{t}\,dt&=\int\frac{dt}{t}\left\{1+tl(E)+\frac{t^2}{1.2}(lE)^2+\text{etc.}\right\}\\&=l(t)+t(lE)+\frac{1}{1.2^2}t^2(lE)^2+\frac{1}{2.3^2}t^3(lE)^3+\text{etc.}\end{aligned}$$

donc, en prenant cette intégrale depuis $t=-\beta$, jusqu'à $t=\alpha$, et en remplaçant la quantité lE, par sa valeur caractéristique ∂, on en tirera immédiatément

$$\int_a^b \frac{\Phi(x)dx}{x-c}=\phi(c)\,l(-1)+l\left(\frac{\alpha}{\beta}\right)\phi(c)+(\alpha+\beta)\,\partial\phi(c)+\left(\frac{\alpha^2-\beta^2}{4}\right)\partial^2\phi(c)+\text{etc.} \tag{61}$$

Toutefois il paraît difficile d'admettre que l'intégrale $\int_a^b \frac{\Phi(x)dx}{x-c}$ puisse contenir une quantité imaginaire, lorsque la fonction $\phi(x)$ elle même ne renferme que des quantités réelles. De plus, il est aisé de faire voir qu'un semblable résultat ménerait à une conséquence évidemment absurde dans un sens géométrique. En effet, supposons $\phi(x)$ une fonction telle que $\phi(x)=\phi(-x)$, et considérons l'intégrale définie $\int_{-a}^{a}\frac{\Phi(x)dx}{x^2-c^2}$; c étant $<a$. Cette intégrale pouvant être représentée par la différence

$$\frac{1}{2c}\left\{\int_{-a}^{a}\frac{\Phi(x)dx}{x-c}-\int_{-a}^{a}\frac{\Phi(x)dx}{x+c}\right\},$$

la valeur de chacune de ces intégrales contiendrait, d'après ce qui précède, une quantité imaginaire qui serait pour la première $\varphi(c)\,l(-1)$, et pour la seconde $\varphi(-c)\ l(-1)$. Or ces deux quantités se détruisant mutuellement à cause de $\varphi(x)=\varphi(-x)$; il en résulte pour l'intégrale $\int_{-a}^{a}\frac{\varphi(x)}{x^2-c^2}\,dx$ une valeur réelle. Mais, en ne prenant cette intégrale que depuis $x=0$ jusqu'à $x=a$, on trouverait, à l'aide dela même décomposition que $\int_0^a\frac{\varphi(x)}{x^2-c^2}\,dx$, resterait affectée de la quantité imaginaire $\frac{\varphi(c)}{2c}\,l(-1)$, d'où l'on ne pourrait jamais conclure la rélation

$$\int_{-a}^{a}\frac{\varphi(x)}{x^2-c^2}\,dx=2\int_0^a\frac{\varphi(x)}{x^2-c^2}\,dx,$$

applicable à l'hypothèse dont il s'agit.

Pour éviter de tomber dans l'absurdité que nous venons de signaler, il semble nécessaire de considérer avec M. *Cauchy*, l'intégrale $\int_a^b\frac{\varphi(x)}{x-c}\,dx$ comme la limite dela somme des deux intégrales distinctes

$$\int_a^{c-\varepsilon}\frac{\varphi(x)}{x-c}\,dx,\quad \int_{c+\varepsilon}^{b}\frac{\varphi(x)}{x-c}\,dx;$$

où la fonction à intégrer reste finie entre les limites de l'intégration; ε étant une quantité évanouissante, lorsqu'on passe à la limite de cette somme (*). En appliquant alors à l'évaluation de chaque intégrale l'analyse ci-dessus exposée, et égalant ensuite à zéro la quantité ε, on trouvera que la valeur de $\int_a^b\frac{\varphi(x)}{x-c}\,dx$, s'exprimera par

$$l\left(\frac{\alpha}{\beta}\right)\varphi(c)+(\alpha+\beta)\,\partial\varphi(c)+\text{etc.},$$

série où l'imaginaire a entièrement disparu. Donc, si l'on fait $\int\frac{\varphi(x)}{x-c}\,dx=\psi(x)$, l'intégrale définie $\int_a^b\frac{\varphi(x)}{x-c}\,dx$ pourra s'obtenir par la méthode ordinaire, c'est-à-dire en évaluant la différence $\psi(b)-\psi(a)$, pourvu qu'on supprime la quantité imaginaire qui se présente dans le résultat.

(*) Je dois cette remarque utile à M. le Professeur *Van Rees* à Utrecht.

Lorsque l'intégrale $\int y\mathrm{d}x$, doit être prise entre les limites imaginaires $x = \alpha+\beta\sqrt{-1}$, $x=\alpha-\beta\sqrt{1}$, sa valeur qui sera toujours imaginaire, pourra s'obtenir facilement de la manière suivante.

$$\int_{x-\beta\sqrt{-1}}^{\alpha+\beta\sqrt{-1}} y\mathrm{d}x = \left(\frac{E^{\alpha+\beta\sqrt{-1}}-E^{\alpha-\beta\sqrt{-1}}}{\partial}\right)y_0 = \left(\frac{E^{\beta\sqrt{-1}}-E^{-\beta\sqrt{-1}}}{\partial}\right)y_x$$

$$= \left(\frac{e^{\beta\partial\sqrt{-1}}-e^{-\beta\partial\sqrt{-1}}}{\partial}\right)y_x = 2\sqrt{-1}\left(\frac{\sin\beta\partial}{\partial}\right)y_x$$

Et en développant la fonction caractéristique, on trouvera pour la valeur cherchée

$$2\sqrt{-1}\left\{\beta y_x - \frac{\beta^3}{2.3}\partial^2 y_x + \frac{\beta^5}{2.3.4.5}\partial^4 y_x - \text{etc.}\right\}. \qquad (62)$$

29. Puisque $y_{h-x} = E_{h-x}y$, il viendra

$$\int y_{h-x}\mathrm{d}x = \int E^{-x}\,\mathrm{d}x y_h = -\frac{E^{-x}}{lE}y_h = -\frac{E^{-x}}{\partial}y_h$$

partant $$\int_0^h y_{h-x}\mathrm{d}x = \left(\frac{1-E^{-h}}{\partial}\right)y_h = \left(\frac{E^h-1}{\partial}\right)y_0.$$

D'ailleurs $\int_0^h y_x\mathrm{d}x = \left(\frac{E^h-1}{\partial}\right)y_0$; d'où il suit qu'on aura toujours, quelque soit la fonction $\phi(x)$

$$\int_0^h \phi(x)\,\mathrm{d}x = \int_0^h \phi(h-x)\,\mathrm{d}x. \qquad (63)$$

30. D'après ce qui précède, il viendra en général

$$\int_0^x y_x\mathrm{d}x = \left(\frac{E^x-1}{\partial}\right)y_0 = \left(\frac{e^{x\partial}-1}{\partial}\right)y_0 = \left(\frac{1-e^{-x\partial}}{\partial}\right)y_x,$$

d'où l'on tire, en développant la fonction caractéristique,

$$\int_0^x y\mathrm{d}x = xy - \frac{x^2}{2}\partial y + \frac{x^3}{2.3}\partial^2 y - \text{etc.} \qquad (64)$$

C'est la série due à *Jean Bernouilli*.

Voici comment on peut parvenir à la valeur générale de $^n\!\int y\,\mathrm{d}x^n$

exprimée en fonction d'intégrales simples, sans récourir à l'intégration par parties. Cherchons d'abord la valeur de $\int e^{ax} y \, dx$.

Si l'on différentie le produit Pe^{ax}, P étant une fonction de x, on aura

$$\partial . Pe^{ax} = e^{ax} (aP + \partial P) = e^{ax} (a + \partial)P.$$

Soit $y = (a+\partial)P$, d'où l'on déduit $P = (a+\partial)^{-1} y$; donc en substituant,

$$\partial \left\{ e^{ax} \left(\frac{1}{a+\partial}\right) y \right\} = e^{ax} y$$

et en intégrant

$$\int e^{ax} y \, dx = e^{ax} \left(\frac{1}{a+\partial}\right) y. \tag{65}$$

La fonction caractéristique $\frac{1}{a+\partial}$ étant développée suivant les puissances de ∂, l'équation précédente conduira à la série connue

$$\int e^{ax} y \, dx = \frac{e^{ax}}{a} \left\{ y - \frac{\partial y}{a} + \frac{\partial^2 y}{a^2} - \frac{\partial^3 y}{a^3} + \text{etc.} \right\} \tag{66}$$

d'où l'on tire encore, en faisant $e^a = \alpha$

$$\int \alpha^x y \, dx = \frac{\alpha^x}{l\alpha} \left\{ y - \frac{\partial y}{l\alpha} + \frac{\partial^2 y}{(l\alpha)^2} - \frac{\partial^3 y}{(l\alpha)^3} + \text{etc.} \right\} \tag{67}$$

Dans l'hypothèse de $a = 1$, la formule (65) qui devient alors

$$\int e^x y \, dx = e^x \left(\frac{1}{1+\partial}\right) y, \tag{68}$$

donnera par le changement de y en ∂y, les équations

$$\int e^x dx \, \partial y = e^x \left(\frac{\partial}{1+\partial}\right) y. \quad \int e^x dx \, \partial^2 y = e^x \left(\frac{\partial^2}{1+\partial}\right) y, \text{ etc.}$$

Si on les multiplie respectivement par les facteurs x, $\frac{x^2}{1.2}$, $\frac{x^3}{2.3}$ etc., il est aisé de voir qu'on pourra en déduire la série

$$\int e^x y\,\mathrm{d}x - x\int e^x \mathrm{d}x\partial y + \frac{x^2}{1.2}\int e^x\mathrm{d}x\partial^2 y - \frac{x^3}{2.3}\int e^x \mathrm{d}x\partial^3 y + \text{etc.}$$

$$= e^x\left(1 - x\partial + \frac{x^2}{1.2}\partial^2 - \frac{x^3}{2.3}\partial^3 + \text{etc.}\right)\left(\frac{1}{1+\partial}\right)y = e^x\left(\frac{e^{-x\partial}}{1+\partial}\right)y = e^x\left(\frac{1}{1+\partial}\right)y_\circ.$$

Prenons $y = x^n$, et observons que la fonction $\left(\frac{1}{1+\partial}\right)y_\circ$ se réduisant alors à $\pm 1.2.3....n$. selon que n sera paire ou impaire, il en résultera pour la valeur dela dernière série,

$$\pm 1.2.3..n e^x = \int e^x x^n \mathrm{d}x - nx\int e^x x^{n-1}\mathrm{d}x + \frac{n.n-1}{1.2}x^2\int e^x x^{n-2}\mathrm{d}x .. \pm x^n\int e^x \mathrm{d}x;$$

ou bien, en retournant la série

$$e^x = \frac{1}{1.2...n}\left\{x^n\int e^x\mathrm{d}x - n\,x^{n-1}\int e^x x\mathrm{d}x + \frac{n.n-1}{1.2}x^{n-2}\int e^x x^2\mathrm{d}x .... \pm\int e^x x^n \mathrm{d}x\right\}.$$

Si maintenant l'on écrit dans celle ci, xlE ou $x\partial$ au lieu de x, il viendra l'équation caractéristique

$$E^x = \frac{\partial^{n+1}}{1.2..n}\left\{x^n\int E^x\mathrm{d}x - nx^{n-1}\int E^x x\mathrm{d}x + \frac{n.n-1}{1.2}x^{n-2}\int E^x x^2\mathrm{d}x .. \pm\int E^x x^n\mathrm{d}x\right\} \tag{69}$$

et puisqu'en général la fonction caractéristique $\int E^x x^m \mathrm{d}x$ placée devant $y_\circ$, est identique avec l'intégrale $\int x^m y\,\mathrm{d}x$, on conclura facilement de l'équation (69), après avoir changé $n+1$ en n.

$$\frac{E^x}{\partial^n}y_\circ = {}^n\!\int y\mathrm{d}x^n = \frac{1}{1.2..n-1}\left\{x^{n-1}\int y\mathrm{d}x - (n-1)\,x^{n-2}\int yx\mathrm{d}x\right.$$

$$\left. + \frac{n-1.n-2}{1.2}x^{n-3}\int yx^2\mathrm{d}x .... \pm\int yx^{n-1}\mathrm{d}x\right\};$$

série qui pourra être représentée sous la forme simplifiée

$$\frac{1}{1.2.3...n-1}\int(\alpha - x)y^{n-1}\mathrm{d}x,$$

pourvu qu'on change α en x après les intégrations.

Si dans l'équation (65) on remplace la fonction y par $(\frac{1}{a+\partial})y$, elle donnera

$$\int e^{ax}(\frac{1}{a+\partial})y\,\mathrm{d}x = {}^2\!\!\int e^{ax}y\,\mathrm{d}x^2 = e^{ax}(\frac{1}{a+\partial})^2 y,$$

et en continuant dela même manière, on parviendra évidemment à la formule générale

$${}^n\!\!\int e^{ax}y\,\mathrm{d}x^n = e^{ax}(\frac{1}{a+\partial})^n y = \frac{e^{ax}}{a^n}\left\{y - \frac{n}{a}\partial y + \frac{n.n+1}{1.2.a^2}\partial^2 y - \frac{n.n+1.n+2}{2.3.a^3}\partial^3 y + \text{etc.}\right\} \quad (70)$$

La formule (68) étant mise sous la forme

$$\int e^x y\,\mathrm{d}x = e^x\,(\frac{1}{1+\frac{1}{\partial}})\,\frac{1}{\partial}\,y = e^x\,(\frac{1}{1+\frac{1}{\partial}})\int y\,\mathrm{d}x,$$

on en tirera par le développement dela caractéristique fractionnaire

$$\int e^x y\,\mathrm{d}x = e^x\left\{\int y\,\mathrm{d}x - {}^2\!\!\int y\,\mathrm{d}x^2 + {}^3\!\!\int y\,\mathrm{d}x^3 - \text{etc.}\right\} \quad (71)$$

et partant

$$\int a^x y\,\mathrm{d}x = a^x\left\{\int y\,\mathrm{d}x - la\,{}^2\!\!\int y\,\mathrm{d}x^2 + (la)^2\,{}^3\!\!\int y\,\mathrm{d}x^3 - \text{etc.}\right\}$$

Changeant a en E, et posant $E^x X_0 = X$, cette dernière série nous donnera immédiatement la suivante:

$$\int Xy\,\mathrm{d}x = X\int y\,\mathrm{d}x - \partial X\,{}^2\!\!\int y\,\mathrm{d}x^2 + \partial^2 X\,{}^3\!\!\int y\,\mathrm{d}x^3 \text{ etc.} \quad (72)$$

La série connue

$$\int a^x y\,\mathrm{d}x = \int y\,\mathrm{d}x + la\int xy\,\mathrm{d}x + \frac{1}{1.2}(la)^2\int x^2 y\,\mathrm{d}x + \text{etc}$$

qui s'obtient par le développement de a^x, donnera de même, en y écrivant E au lieu de a.

$$\int Xy\,\mathrm{d}x = X_0\int y\,\mathrm{d}x + \partial X_0\int yx\,\mathrm{d}x + \frac{\partial^2 X_0}{1.2}\int yx^2\,\mathrm{d}x - \text{etc.} \quad (73)$$

31. Soit u une fonction de x et a, et $X=\int u\,dx$, on aura en différentiant par rapport à l'élément a, l'équation

$$\partial_a X=\int \partial_a u\, dx,$$

ce qui constitue le théorème de *Leibnitz* pour différentier sous le signe intégral. On peut le prouver de la manière suivante.

En écrivant au lieu de u son expression caractéristique $E_x^x E_a^a u_0$, il viendra d'abord

$$\partial_a u=E_x^x E_a^a lE_a u_0=E_x^x E_a^a \partial_a u_0$$

donc $\int \partial_a u\, dx=\int E_x^x E_a^a dx\, \partial_a u_0=E_a^a \partial_a \int E_x^x \partial_x u_0=\frac{E_a^a E_x^x}{lE_x}\partial_a u_0$

Or $$X=\int u\,dx=\int E_a^a E_x^x dx\, u_0=\frac{E_a^a E_x^x}{lE_x}u_0.$$

Différentiant cette dernière expression par rapport à a, on en tire

$$\partial_a X=\frac{E_a^a E_x^x}{lE_x}lE_a u_0=\frac{E_a^a E_x^x}{lE_x}\partial_a u_0=\int \partial_a u\, dx$$

on en conclura en général

$$\partial_a^n X=\int \partial_a^n u\, dx. \tag{74}$$

Ce même théorème aura encore lieu en supposant l'intégrale prise entre les limites $x=\alpha$, $x=\beta$. En effet, on aura alors

$$X=\int_\alpha^\beta u\,dx=\left(\frac{E_x^\beta-E_x^\alpha}{lE_x}\right)E_x^a u_0;$$

donc en différentiant par rapport à a

$$\begin{aligned}\partial_a X&=\left\{\frac{E_x^\beta E_a^a \partial_a-E_x^\alpha E_a^a \partial_a}{lE_x}\right\}u_0\\&=\int_0^\beta \partial_a u\, dx-\int_0^\alpha \partial_a u\, dx=\int_\alpha^\beta \partial_a u\, dx.\end{aligned}$$

Mais si les limites α, β sont elles mêmes des fonctions de a, la différentiation de la valeur précédente de $\mathbf{X}$, donnera dans ce cas

$$\partial_a \mathrm{X} = \int_\alpha^\beta \partial_a u \, \mathrm{d}x + (E_x^\beta \partial_a \beta - E_x^\alpha \partial_a \alpha) E_a^a u_0$$

ou bien, en posant $u = \varphi(x, a)$.

$$\partial_a \mathrm{X} = \partial_a \int_\alpha^\beta \varphi(x, a) \, \mathrm{d}x = \int_\alpha^\beta \partial_a \varphi(x, a) \, \mathrm{d}x + \varphi(\beta, a) \, \partial_a \beta - \varphi(\alpha, a) \, \partial_a \alpha \tag{75}$$

32. Soit $\mathrm{A} = \iint u \, \mathrm{d}x \, \mathrm{d}y$, entre les limites $x = a$, $x = b$, $y = a'$, $y = b'$; l'on pourra écrire

$$\iint u \, \mathrm{d}x \, \mathrm{d}y = \frac{E_x^x E_y^y}{\partial_x \partial_y} u_0$$

Prenant d'abord l'intégrale définie par rapport à la variable x, il viendra

$$\int \mathrm{d}y \int_a^b u \, \mathrm{d}x = \frac{(E_x^b - E_x^a) E_y^y}{\partial_x \partial_y} u_0$$

Passant ensuite à la seconde intégration entre les limites de y, on aura

$$\int_{a'}^{b'} \mathrm{d}y \int_a^b u \, \mathrm{d}x = \frac{(E_x^b - E_x^a)(E_y^{b'} - E_y^{a'})}{\partial_x \partial_y} u_0$$

Or, si l'on avait effectué les intégrations en ordre inverse, il en serait évidemment résulté

$$\int_a^b \mathrm{d}x \int_{a'}^{b'} u \, \mathrm{d}y = \frac{(E_y^{b'} - E_y^{a'})(E_x^b - E_x^a)}{\partial_x \partial_y} u_0$$

La caractéristique composée qui affecte la quantité u_0 étant identique dans les deux résultats, on en conclut la propriété connue

$$\mathrm{A} = \int_{a'}^{b'} \mathrm{d}y \int_a^b u \, \mathrm{d}x = \int_a^b \mathrm{d}x \int_{a'}^{b'} u \, \mathrm{d}y;$$

c'est-à-dire que la valeur de A ne change pas en intervertissant l'ordre des deux intégrations définies, bien entendu que la fonction u reste continue entre les limites assignées aux variables x, y. Il est inutile d'ajouter que la même démonstration s'appliquerait également à une fonction u d'un nombre quelconque de variables, et dont la continuité satisferait à la condition que nous venons d'énoncer relativement aux limites des variables.

33. Les formules que nous allons exposer maintenant pour obtenir la valeur d'une classe étendue d'intégrales définies, étant fondées pour la plupart sur le théorème remarquable

$$\int_0^\infty e^{-x^2}\,dx = \frac{1}{2}\sqrt{\pi},$$

nous avons pensé qu'il ne serait pas deplacé de faire précéder nos recherches d'une nouvelle démonstration de ce théorème, laquelle paraitra sans doute plus simple qu'aucune de celles qu'on en a données jusqu'ici. Soit $\int_0^\infty e^{-x^2}\,dx = k$; puisque les limites de cette intégrale ne changeront pas, si l'on y remplaçe x par ax, a désignant une constante finie, on aura de même

$$\int_0^\infty e^{-a^2x^2}a\,dx = k.$$

D'ailleurs, comme la valeur de k est indépendante des quantités x, a, il est permis de permuter celles ci, de manière que l'on aura encore

$$\int_0^\infty e^{-a^2x^2}x\,da = k.$$

Multipliant cette dernière valeur de k par sa première, il en résultera, entre les mêmes limites

$$k^2 = \iint e^{-(a^2+1)x^2}x\,dx\,da = \frac{1}{2}\int_0^\infty da \int_0^\infty e^{-(a^2+1)x^2}\,2x\,dx.$$

Si l'on intègre d'abord par rapport à x, en observant que $\int_0^\infty e^{-mx}\,dx = \frac{1}{m}$, il viendra $$k^2 = \int_0^\infty \frac{da}{a^2+1} = \frac{1}{2}\text{Arc.}(\text{tg.} = \infty) = \frac{\pi}{4}$$

donc $$k = \int_0^\infty e^{-x^2}\,dx = \frac{1}{2}\sqrt{\pi} \tag{77}$$

partant $$\int_{-\infty}^\infty e^{-x^2}\,dx = \sqrt{\pi}$$

On peut prouver avec la même facilité que $\int_0^\infty e^{-(x-\frac{a}{2x})^2}dx = \frac{1}{2}\sqrt{\pi}$. En effet, après avoir changé x en $\frac{a}{2x}$, cette intégrale deviendra

$$\int_0^\infty e^{-(x-\frac{a}{2x})^2}\frac{a\,dx}{2x^2};$$

donc $$2\int_0^\infty e^{-(x-\frac{a}{2x})^2}\,dx = \int_0^\infty e^{-(x-\frac{a}{2x})^2}\left(1+\frac{a}{2x^2}\right)dx.$$

Mettons $x - \frac{a}{2x} = t$, ce qui donnera $\left(1+\frac{a}{2x^2}\right)dx = dt$; les limites de t seront $-\infty$, $+\infty$, d'où l'on conclut de suite

$$2\int_0^\infty e^{-(x-\frac{a}{2x})^2}\,dx = \int_{-\infty}^\infty e^{-t^2}\,dt = \sqrt{\pi}$$

ou bien $$\int_0^\infty e^{-(x-\frac{a}{2x})^2}\,dx = e^a\int_0^\infty e^{-x^2-\frac{a^2}{4x^2}}\,dx = \frac{1}{2}\sqrt{\pi}. \tag{78}$$

34. Soit $y = \varphi(x)$, la fonction $\varphi(x+at)$ pouvant être représentée sous la forme

$$\varphi(x+at) = E^{at}\varphi(x) = e^{at\partial}\varphi(x),$$

l'on aura, en multipliant chaque membre de cette équation par la quantité différentielle $e^{-a^2}da$

$$e^{-a^2}\varphi(x+at)\,da = e^{-a^2+at\partial}\,da\,\varphi(x) = e^{\frac{t^2\partial^2}{4}}e^{-(a-\frac{t\partial}{2})^2}\,da\,\varphi(x).$$

Si maintenant l'on intègre cette équation entre les limites $a = -\infty$,

$a = +\infty$, en observant qu'on vertu du théorème (77)

$$\int_{-\infty}^{\infty} e^{-\left(a-\frac{t\partial}{2}\right)^2} \mathrm{d}a = \int_{-\infty}^{\infty} e^{-a^2} \mathrm{d}a = \sqrt{\pi},$$

il s'en suivra la formule générale

$$\int_{-\infty}^{\infty} e^{-a^2} \varphi(x+at) \mathrm{d}a = \sqrt{\pi}\, e^{\frac{t^2\partial^2}{4}} \varphi(x); \tag{79}$$

résultat qu'on pourra exprimer encore en fonction de t^2 et des coefficiens différentiels de y, par le développement de la fonction caractéristique $e^{\frac{t^2\partial^2}{4}}$. Et puisque celle ci ne change pas, en prenant t négatif, on aura en même tems

$$\int_{-\infty}^{\infty} e^{-a^2} \{\varphi(x+at) - \varphi(x-at)\} \mathrm{d}a = 0, \tag{80}$$

ou bien, en permutant les lettres a, t,

$$\int_{-\infty}^{\infty} e^{-t^2} \{\varphi(x+at) - \varphi(x-at)\} \mathrm{d}t = 0. \tag{81}$$

La formule (79) donne lieu aux intégrales suivantes

$$\left.\begin{aligned}
&\int_{-\infty}^{\infty} e^{-a^2}\varphi(x+2at)\mathrm{d}a = \sqrt{\pi}\, e^{t^2\partial^2} \varphi(x)\\
&\int_{-\infty}^{\infty} e^{-a^2}\varphi(x+2at\sqrt{-1})\mathrm{d}a = \sqrt{\pi}\, e^{-t^2\partial^2} \varphi(x)\\
&\int_{-\infty}^{\infty} e^{-a^2}\varphi(x+2a\sqrt{t})\mathrm{d}a = \sqrt{\pi}\, e^{t\partial^2} \varphi(x)\\
&\int_{-\infty}^{\infty} e^{-a^2}\varphi(x+a\sqrt{t})\mathrm{d}a = \sqrt{\pi}\, e^{\frac{t\partial^2}{4}} \varphi(x)\\
&\int_{-\infty}^{\infty} e^{-a^2}\varphi(x+a)\mathrm{d}a = \sqrt{\pi}\, e^{\frac{\partial^2}{4}} \varphi(x)\\
&\int_{-\infty}^{\infty} e^{-a^2}\varphi(x+a\sqrt{-1})\mathrm{d}a = \sqrt{\pi}\, e^{-\frac{\partial^2}{4}} \varphi(x)
\end{aligned}\right\} \tag{82}$$

Si l'on y fait $x=0$, et qu'on change ensuite a en x, les deux dernières formules donneront

$$\int_{-\infty}^{\infty} e^{-x^2}\phi(x)\mathrm{d}x = \sqrt{\pi}\, e^{\frac{\partial^2}{4}}\phi(0) \tag{83}$$

$$\int_{-\infty}^{\infty} e^{-x^2}\phi(x\sqrt{-1})\mathrm{d}x = \sqrt{\pi}\, e^{-\frac{\partial^2}{4}}\phi(0) \tag{84}$$

35. Appliquons ces formules à quelques cas particuliers, afin d'en faire mieux saisir la signification.

Soit d'abord $y=\phi(x)=x^{2i}$; le développement du second membre de l'équation (83) contiendra des termes qui, dans l'hypothése de $x=0$, s'évanouiront tous, à l'exception de celui affecté de ∂^{2i}; d'où l'on conclura sans peine à cause de $\partial^{2i}\phi(0)=1.2.3....2i$.

$$\int_{-\infty}^{\infty} e^{-x^2} x^{2i}\mathrm{d}x = \frac{\sqrt{\pi}}{1.2.3...i}\,\frac{2i.2i-1...2.1}{2^{2i}} = \frac{1.3.5...2i-1}{2^i}\sqrt{\pi} \tag{85}$$

Si l'on avait $y=x^{2i+1}$, tous les termes du développement dont il s'agit s'évanouiraient à la fois, à cause qu'ils ne contiennent que des puissances paires de ∂, et il en résulterait ainsi

$$\int_{-\infty}^{\infty} e^{-x^2}x^{2i+1}\mathrm{d}x = 0$$

ce qui est d'ailleurs évident en soi même.

Supposons encore $\phi(x)=x^{2i}$, la dernière des formules (82) deviendra

$$\int_{-\infty}^{\infty} e^{-a^2}(x+a\sqrt{-1})^{2i}\mathrm{d}a = \sqrt{\pi}e^{-\frac{\partial^2}{4}}x^{2i}.$$

Le développement de la fonction caractéristique ne pouvant s'étendre au delà du terme affecté de ∂^{2i}, on trouvera aisément pour la valeur de cette intégrale, la série

$$\sqrt{\pi}\left\{x^{2i} - \frac{2i.2i-1}{2^2}x^{2i-2} + \frac{1}{2}\,\frac{2i.2i-1.2i-2.2i-3}{2^4}x^{2i-4} - .... \pm \frac{1.3.5.2i-1}{2^i}\right\}$$

dont le terme général s'exprimera par

$$\frac{1}{1.2.3...n}\,\frac{2i.2i-1....2i-2n+1}{2^{2n}}x^{2(i-n)},$$

qui se reduit à

$$\frac{1.3.5\ldots 2i-1}{2^i}\times\frac{i.i-1.i-2\ldots i-n'+1}{1.2.3\ldots 2n'}(2x)^{2n'},$$

n' étant égal à $i-n$.

D'ailleurs, à cause de $(x+a\sqrt{-1})^{2i}=(-1)^i(a-x\sqrt{-1})^{2i}$, on trouvera à l'aide de la série précédente

$$\int_{-\infty}^{\infty}e^{-a^2}(a-x\sqrt{-1})^{2i}da=\frac{1.3.5\ldots 2i-1}{2^i}\sqrt{\pi}\left\{1-\frac{i}{1.2}(2x)^2+\frac{i.i-1}{2.3.4}(2x)^4\right.$$
$$\left.-\frac{i.i-1.i-2}{2.3.4.5.6}(2x)^6+\text{etc.}\right\}\quad(86)$$

résultat conforme à celui donné par *Laplace* (*). On parviendrait facilement à une série analogue pour la valeur de $\int_{-\infty}^{\infty}e^{-a^2}(a-x\sqrt{-1})^{2i+1}da$.

Soit maintenant $y=\cos mx$. Cette fonction donnera lieu à l'équation

$$\partial^2 y=-m^2 y.$$

d'où résulte la rélation caractéristique $\partial^2=-m^2$. On obtiendra ainsi d'après l'avant dernière des formules (82)

$$\int_{-\infty}^{\infty}e^{-a^2}\cos m(x+a)da=\sqrt{\pi}\,e^{-\frac{m^2}{4}}\cos mx;$$

donc, en permutant les lettres x, a

$$\int_{-\infty}^{\infty}e^{-x^2}\cos m(x+a)dx=\sqrt{\pi}\,e^{-\frac{m^2}{4}}\cos ma.\quad(87)$$

Et en faisant $a=0$

$$\int_{-\infty}^{\infty}e^{-x^2}\cos mx\,dx=\sqrt{\pi}\,e^{-\frac{m^2}{4}}\quad(88)$$

Celle ci fournit encore, après avoir changé x en ax, et ma en n.

$$\int_{-\infty}^{\infty}e^{-a^2x^2}\cos nx\,dx=\frac{\sqrt{\pi}}{a}e^{-\frac{n^2}{4a^2}}\quad(89)$$

(*) *Théorie analytique des probabilités*. pag. 45.

Posant $y = \sin x$, la même formule nous donnera pareillement

$$\int_{-\infty}^{\infty} e^{-x^2} \sin m\,(x+a)\,\mathrm{d}x = \sqrt{\pi}\, e^{-\frac{m^2}{4}} \sin ma \qquad (90)$$

$$\int_{-\infty}^{\infty} e^{-x^2} \sin mx\,\mathrm{d}x = 0.$$

36. Si l'on multiplie la formule (89) par la différentielle $e^{-a^2}\mathrm{d}a$, et qu'on l'intègre ensuite entre les limites $a=0$, $a=\infty$, il viendra

$$\int_{-\infty}^{\infty} \cos nx\,\mathrm{d}x \int_0^{\infty} e^{-a^2(1+x^2)}\,2a\,\mathrm{d}a = 2\sqrt{\pi} \int_0^{\infty} e^{-a^2-\frac{n^2}{4a^2}}\,\mathrm{d}a,$$

ou bien $\displaystyle\int_{-\infty}^{\infty} \frac{\cos ax}{1+x^2}\,\mathrm{d}x = \pi e^{-n}$, en vertu de la formule (78).

d'où l'on déduit encore les intégrales suivantes dues à *Laplace*,

$$\int_0^{\infty} \frac{\cos ax}{m^2+x^2}\,\mathrm{d}x = \frac{\pi}{2m}\, e^{-ma}. \quad \int_0^{\infty} \frac{x \sin ax}{m^2+x^2}\,\mathrm{d}x = \frac{\pi}{2}\, e^{-ma}. \qquad (91)$$

et dont *Legendre* et *Bidone*, ont fait plusieurs applications intéressantes. On peut y joindre encore celles qui suivent.

En multipliant les deux séries,

$$1 + n \cos ax + \frac{n^2}{2} \cos 2ax + \frac{n^3}{2.3} \cos 3ax + \text{etc.} = e^{n\cos ax} \cos (n \sin ax)$$

$$n \sin ax + \frac{n^2}{2} \sin 2ax + \frac{n^3}{2.3} \sin 3ax + \text{etc.} = e^{n\cos ax} \sin (n \sin ax) \quad (*)$$

respectivement par les différentielles $\frac{\mathrm{d}x}{m^2+x^2}$, $\frac{x\mathrm{d}x}{m^2+x^2}$, et intégrant ensuite chaque membre à l'aide des formules (91), il en résultera immédiatement pour la première série,

$$\int_0^{\infty} e^{n\cos ax} \cos(n \sin ax) \frac{\mathrm{d}x}{m^2+x^2} = \frac{\pi}{2m}\left\{1 + n\, e^{-ma} + \frac{n^2}{2} e^{-2ma} + \frac{n^3}{2.3} e^{-3ma} + \text{etc.}\right\}$$
$$= \frac{\pi}{2m}\, e^{n e^{-ma}} \qquad (92)$$

(*) Ces séries se trouvent démontrées dans mes *Recherches sur la sommation de quelques séries trigonométriques*. 1827. pag. 15.

et pour la seconde

$$\int_0^\infty e^{n\cos ax}\sin(n\sin ax)\frac{x\,dx}{m^2+x^2}=\frac{\pi}{2}(e^{ne^{-ma}}-1) \qquad (93)$$

La série

$$n\sin ax-\frac{n^2}{2}\sin 2ax+\frac{n^3}{3}\sin 3ax-\text{etc.}=\text{Arc}\left(\text{tg}=\frac{n\sin ax}{1+n\cos ax}\right)$$

donnera de même

$$\int_0^\infty \text{Arc}\left(\text{tg}=\frac{n\sin ax}{1+n\cos ax}\right)\frac{x\,dx}{x^2+m^2}=\frac{\pi}{2}\log(1+ne^{-ma}) \qquad (94)$$

Puisqu'on a $\displaystyle\int_{-\infty}^\infty \frac{\sin nx\cos ax}{m^2+x^2}dx=0$

il s'en suit

$$\int_{-\infty}^\infty e^{nx\sqrt{-1}}\frac{\cos ax}{m^2+x^2}dx=\int_{-\infty}^\infty \frac{\cos nx\cos ax}{m^2+x^2}dx$$

$$=\int_{-\infty}^\infty \frac{1}{2}\frac{\cos(a+n)x}{m^2+x^2}dx+\int_{-\infty}^\infty \frac{1}{2}\frac{\cos(a-n)x}{m^2+x^2}dx$$

$$=\frac{\pi}{2m}\left\{e^{-m(a+n)}+e^{-m(a-n)}\right\}=\frac{\pi}{2m}e^{-ma}(e^{mn}+e^{-mn}). \qquad (95)$$

en vertu de (91), a étant supposé $> n$.

Différentiant la formule (95), $2p$ fois de suite par rapport à l'élément a, on en tirera d'abord

$$\int_{-\infty}^\infty e^{nx\sqrt{-1}}\frac{x^{2p}\cos ax}{m^2+x^2}dx=\pm\frac{\pi}{2}m^{2p-1}e^{-ma}(e^{mn}+e^{-mn}). \qquad (96)$$

Une nouvelle différentiation par rapport à a donnera

$$\int_{-\infty}^\infty e^{nx\sqrt{-1}}\frac{x^{2p+1}\sin ax}{m^2+x^2}dx=\pm\frac{\pi}{2}m^{2p}e^{-ma}(e^{mn}+e^{-mn}). \qquad (97)$$

Si maintenant l'on différentie ces deux dernières formules par rapport à l'élément n, on obtiendra encore

$$\int_{-\infty}^{\infty} e^{nx\sqrt{-1}} \frac{x^{2p+1} \cos ax}{m^2+x^2} \, dx = \pm \frac{\pi}{2\sqrt{-1}} m^{2p} e^{-ma} \left(e^{mn} - e^{-mn}\right) \quad (98)$$

$$\int_{-\infty}^{\infty} e^{na\sqrt{-1}} \frac{x^{2p} \sin ax}{m^2+x^2} \, dx = \mp \frac{\pi}{2\sqrt{-1}} m^{2p-1} e^{-ma} \left(e^{mn} - e^{-ma}\right) \quad (99)$$

Les quatre formules (96) à (99), où le signe supérieur se rapporte au cas de p paire, et le signe inférieur à celui de p impaire, peuvent être réunies dans les deux suivantes :

$$\int_{-\infty}^{\infty} e^{nx\sqrt{-1}} \frac{x^r \cos\left(\frac{r\pi}{2} - ax\right)}{m^2+x^2} \, dx = \frac{\pi}{2} m^{r-1} e^{-ma} \left(e^{mn} + e^{-mn}\right) \quad (100)$$

$$\int_{-\infty}^{\infty} e^{nx\sqrt{-1}} \frac{x^r \sin\left(\frac{r\pi}{2} - ax\right)}{m^2+x^2} \, dx = \frac{\pi}{2\sqrt{-1}} m^{r-1} e^{-ma} \left(e^{mn} - e^{-mn}\right) \quad (101)$$

La première de ces intégrales étant identique avec $\int_{-\infty}^{\infty} e^{nx\sqrt{-1}} \partial_a^r \cos ax \frac{dx}{m^2+x^2}$ il est facile de prouver à l'aide dela théorie des fonctions *complémentaires* due à M. *Liouville*, que sa valeur précédente sera encore applicable au cas où l'exposant r désigne un nombre fractionnaire (*). En effet, dans cette hypothèse, l'intégrale telle que nous venons de l'obtenir, devrait être augmentée de la fonction complémentaire

$$\psi = A + Ba + Ca^2 + \text{etc.}$$

Pour déterminer les valeurs des coefficiens A, B, etc., examinons ce que devient l'intégrale, en y supposant $a = \frac{1}{0}$. Soit $ax = t$, elle prendra alors cette forme

$$\frac{1}{a^{r+1}} \int e^{\frac{nt}{a}\sqrt{-1}} t^r \cos\left(\frac{r\pi}{2} - t\right) \frac{dt}{m^2 + \frac{t^2}{a^2}};$$

(*) On peut consulter à cet égard un mémoire intéressant publié par M. *Liouville*, dans le Vol. XI du Journal de M. *Crelle*.

d'où l'on voit qu'elle s'évanouit pour $a = \infty$, toutes les fois que $r+1$ sera un nombre positif. Donc les coefficiens A, B etc., se réduiront également à zéro; ce qui signifie que l'intégrale dont il s'agit n'exige aucune correction dans l'hypothèse de r fractionnaire. On voit encore qu'il en sera de même à l'égard de l'intégrale (101). Cela posé, si l'on fait maintenant $a=0$ et $n=0$, il viendra pour tout nombre fractionnaire r.

$$\int_{-\infty}^{\infty} x^r \frac{dx}{m^2+x^2} = \frac{\pi}{\cos \frac{r\pi}{2}} m^{r-1}$$

ou bien

$$2\int_{0}^{\infty} \frac{x^{2r}dx}{m^2+x^2} = \frac{\pi}{\cos r\pi} m^{2r-1}.$$

L'exposant $2r$ ne pourra s'élever à l'unité, sans rendre infinie la valeur de l'intégrale; on aura donc toujours $r < \frac{1}{2}$. Faisons $x^2 = z^\mu$ et $\frac{\mu}{2} + \mu r = p$, ou $r = \frac{p}{\mu} - \frac{1}{2}$; donc $2x^{2r}\, dx = \mu z^{p-1}\, dz$, $\cos r\pi = \sin \frac{p\pi}{\mu}$; ce qui transforme l'intégrale précédente en celle ci

$$\int_{0}^{\infty} \frac{z^{p-1}dz}{m^2+z^\mu} = \frac{\pi}{\mu} \frac{m^{2\left(\frac{p}{\mu}-1\right)}}{\sin \frac{p\pi}{\mu}} \tag{102}$$

où $p < \mu$, à cause de $r < \frac{1}{2}$.

En supposant $m = 1$, on tombe sur l'intégrale connue

$$\int_{0}^{\infty} \frac{z^{p-1}dz}{1+z^\mu} = \frac{\pi}{\mu \sin \frac{p\pi}{\mu}} \tag{103}$$

Les formules (100) (101), étant également applicables au cas où n soit négatif, ainsi que cela résulte du procédé qui a fourni l'équation (95), on en déduira encore

$$\int_{-\infty}^{\infty}(e^{nx\sqrt{-1}}+e^{-nx\sqrt{-1}})\,x^r\,\frac{\cos(\frac{r\pi}{2}-ax)\,dx}{m^2+x^2}=\pi m^{r-1}\,e^{-ma}\,(e^{mn}+e^{-mn})$$

$$\int_{-\infty}^{\infty}(e^{nx\sqrt{-1}}-e^{-nx\sqrt{-1}})\,x^r\,\frac{\sin(\frac{r\pi}{2}-ax)\,dx}{m^2+x^2}=\frac{\pi}{\sqrt{-1}}\,m^{r-1}\,e^{-ma}\,(e^{mn}-e^{-mn})\qquad(104)$$

ou bien

$$\int_{-\infty}^{\infty}x^r\cos nx\,\frac{\cos(\frac{r\pi}{2}-ax)}{m^2+x^2}\,dx=\frac{\pi}{2}\,m^{r-1}\,e^{-ma}(e^{mn}+e^{-mn})$$

$$\int_{-\infty}^{\infty}x^r\sin nx\,\frac{\sin(\frac{r\pi}{2}-ax)}{m^2+x^2}\,dx=\frac{\pi}{2}\,m^{r-1}\,e^{-ma}\,(e^{-mn}-e^{mn})\qquad(105)$$

Les formules auxquelles nous venons de parvenir conduisent en outre à d'autres résultats plus généraux, qu'il est utile de faire connaître ici. En effet, puisque la théorie des caractéristiques fournit les rélations

$$(\cos x\partial)\,\varphi(\alpha)=\frac{\varphi(\alpha+x\sqrt{-1})+\varphi(\alpha-x\sqrt{-1})}{2}$$

$$(\sin x\partial)\,\varphi(\alpha)=\frac{\varphi(\alpha+x\sqrt{-1})-\varphi(\alpha-x\sqrt{-1})}{2\sqrt{-1}}\qquad(106)$$

il viendra, en remplaçant n par ∂ dans les formules (105)

$$\int_{-\infty}^{\infty}\Big\{\varphi(\alpha+x\sqrt{-1})+\varphi(\alpha-x\sqrt{-1})\Big\}\,x^r\,\frac{\cos(\frac{r\pi}{2}-ax)}{m^2+x^2}\,dx$$
$$=\pi m^{r-1}\,e^{-ma}\Big\{\varphi(\alpha+m)+\varphi(\alpha-m)\Big\}\qquad(107)$$

$$\int_{-\infty}^{\infty}\Big\{\varphi(\alpha+x\sqrt{-1})-\varphi(\alpha-x\sqrt{-1})\Big\}\,x^r\,\frac{\sin(\frac{r\pi}{2}-ax)}{m^2+x^2}\,dx$$
$$=\frac{\pi}{\sqrt{-1}}\,m^{r-1}\,e^{-ma}\Big\{\varphi(\alpha+m)-\varphi(\alpha-m)\Big\}\qquad(108)$$

Si l'on fait $a=0$ et $r=-\frac{1}{p}$, on déduira de ces dernières formules

$$\int_{-\infty}^{\infty} \frac{\varphi(\alpha+x\sqrt{-1})+\varphi(\alpha-x\sqrt{-1})}{\sqrt[p]{x}}\,\frac{dx}{m^2+x^2} = \frac{\pi}{\cos\frac{\pi}{2p}}\,\frac{\varphi(\alpha+m)+\varphi(\alpha-m)}{m^{1+\frac{1}{p}}} \quad (109)$$

$$\int_{-\infty}^{\infty} \frac{\varphi(\alpha+x\sqrt{-1})-\varphi(\alpha-x\sqrt{-1})}{\sqrt[p]{x}}\,\frac{dx}{m^2+x^2} = \frac{\pi\sqrt{-1}}{\sin\frac{\pi}{2p}}\,\frac{\varphi(\alpha+m)-\varphi(\alpha-m)}{m^{1+\frac{1}{p}}} \quad (110)$$

Pareillement les équations (96) à (99) donneront, après y avoir changé α en ∂,

$$\left.\begin{aligned}
&\int_{-\infty}^{\infty} e^{nx\sqrt{-1}}x^{2p}\left\{\varphi(\alpha+x\sqrt{-1})+\varphi(\alpha-x\sqrt{-1})\right\}\frac{dx}{m^2+x^2} = \pm\pi m^{2p-1}(e^{mn}+e^{-mn})\,\varphi(\alpha-m)\\
&\int_{-\infty}^{\infty} e^{nx\sqrt{-1}}x^{2p+1}\left\{\varphi(\alpha+x\sqrt{-1})-\varphi(\alpha-x\sqrt{-1})\right\}\frac{dx}{m^2+x^2} = \pm\pi\sqrt{-1}\,m^{2p}(e^{mn}+e^{-mn})\,\varphi(\alpha-m)\\
&\int_{-\infty}^{\infty} e^{nx\sqrt{-1}}x^{2p+1}\left\{\varphi(\alpha+x\sqrt{-1})+\varphi(\alpha-x\sqrt{-1})\right\}\frac{dx}{m^2+x^2} = \pm\frac{\pi}{\sqrt{-1}}\,m^{2p}(e^{mn}-e^{-mn})\,\varphi(\alpha-m)\\
&\int_{-\infty}^{\infty} e^{nx\sqrt{-1}}x^{2p}\left\{\varphi(\alpha+x\sqrt{-1})-\varphi(\alpha-x\sqrt{-1})\right\}\frac{dx}{m^2+x^2} = \mp\pi m^{2p-1}(e^{mn}-e^{-mn})\,\varphi(\alpha-m)
\end{aligned}\right\} \quad (111)$$

d'où l'on tire, en prenant n négatif,

$$\left.\begin{aligned}
&\int_{0}^{\infty} \cos nx\, x^{2p}\left\{\varphi(\alpha+x\sqrt{-1})+\varphi(\alpha-x\sqrt{-1})\right\}\frac{dx}{m^2+x^2} = \pm\frac{\pi}{2}m^{2p-1}(e^{mn}+e^{-mn})\,\varphi(\alpha-m)\\
&\int_{0}^{\infty} \cos nx\, x^{2p+1}\left\{\varphi(\alpha+x\sqrt{-1})-\varphi(\alpha-x\sqrt{-1})\right\}\frac{dx}{m^2+x^2} = \pm\frac{\pi\sqrt{-1}}{2}m^{2p}(e^{mn}+e^{-mn})\,\varphi(\alpha-m)\\
&\int_{0}^{\infty} \sin nx\, x^{2p+1}\left\{\varphi(\alpha+x\sqrt{-1})+\varphi(\alpha-x\sqrt{-1})\right\}\frac{dx}{m^2+x^2} = \pm\frac{\pi}{2}m^{2p}(e^{mn}-e^{-mn})\,\varphi(\alpha-m)\\
&\int_{0}^{\infty} \sin nx\, x^{2p}\left\{\varphi(\alpha+x\sqrt{-1})-\varphi(\alpha-x\sqrt{-1})\right\}\frac{dx}{m^2+x^2} = \pm\frac{\pi\sqrt{-1}}{2}m^{2p-1}(e^{mn}-e^{-mn})\,\varphi(\alpha-m)
\end{aligned}\right\} \quad (112)$$

Ces formules contiennent comme cas particuliers les suivantes qui répondent à l'hypothèse de $n = 0$

$$\int_0^\infty x^{2p}\left\{\phi(\alpha+x\sqrt{-1})+\phi(\alpha-x\sqrt{-1})\right\}\frac{dx}{m^2+x^2}=\pm\pi m^{2p-1}\phi(\alpha-m)$$

$$\int_0^\infty x^{2p+1}\left\{\phi(\alpha+x\sqrt{-1})-\phi(\alpha-x\sqrt{-1})\right\}\frac{dx}{m^2+x^2}=\pm\pi\sqrt{-1}\,m^{2p}\phi(\alpha-m) \qquad (113)$$

selon que p est un nombre pair ou impair.

Si l'on change m en $m\sqrt{-1}$, ces deux dernières intégrales deviendront

$$\int_0^\infty x^{2p}\left\{\phi(\alpha+x\sqrt{-1})+\phi(\alpha-x\sqrt{-1})\right\}\frac{dx}{x^2-m^2}=\frac{\pi}{\sqrt{-1}}m^{2p-1}\phi(\alpha-m\sqrt{-1})$$

$$\int_0^\infty x^{2p+1}\left\{\phi(\alpha+x\sqrt{-1})-\phi(\alpha-x\sqrt{-1})\right\}\frac{dx}{x^2-m^2}=\pi\sqrt{-1}\,m^{2p}\phi(\alpha-m\sqrt{-1}) \qquad (114)$$

Soit $p=0$; on aura en conséquence

$$\int_0^\infty \left\{\phi(\alpha+x\sqrt{-1})+\phi(\alpha-x\sqrt{-1})\right\}\frac{dx}{x^2+m^2}=\frac{\pi}{m}\phi(\alpha-m) \qquad (115)$$

$$\int_0^\infty \left\{\phi(\alpha+x\sqrt{-1})-\phi(\alpha-x\sqrt{-1})\right\}\frac{x\,dx}{x^2+m^2}=\pi\sqrt{-1}\,\phi(\alpha-m) \qquad (116)$$

$$\int_0^\infty \left\{\phi(\alpha+x\sqrt{-1})+\phi(\alpha-x\sqrt{-1})\right\}\frac{dx}{x^2-m^2}=\frac{\pi}{m\sqrt{-1}}\phi(\alpha-m\sqrt{-1}) \qquad (117)$$

$$\int_0^\infty \left\{\phi(\alpha+x\sqrt{-1})-\phi(\alpha-x\sqrt{-1})\right\}\frac{x\,dx}{x^2-m^2}=\pi\sqrt{-1}\,\phi(\alpha-m\sqrt{-1}) \qquad (118)$$

Et en prenant $m=0$,

$$\int_0^\infty \left\{\phi(\alpha+x\sqrt{-1})-\phi(\alpha-x\sqrt{-1})\right\}\frac{dx}{x}=\pi\sqrt{-1}\,\phi(\alpha) \qquad (119)$$

Il importe de faire remarquer ici que toutes les formules précédentes sont asujétties à la condition que $\phi(\alpha+x\sqrt{-1})$ ne devienne point infinie pour $x=\pm\infty$; c'est ce qui résulte des équations (91) d'où elles ont été toutes déduites, et qui supposent nécessairement que $\cos ax$, $\sin ax$ restent toujours finies.

Nous ne nous occuperons pas dans ce moment des applications variées dont ces formules sont susceptibles, notre but n'ayant été que d'indiquer avec quelle facilité on est conduit à ces formules générales à l'aide dela théorie des caractéristiques, et en partant seulement de l'intégrale définie $\int_0^\infty e^{-x^2}dx = \frac{1}{2}\sqrt{\pi}$.

37. L'équation (89) qui revient à celle ci,

$$2\int_0^\infty e^{-a^2x^2}\cos nx\,dx = \frac{\sqrt{\pi}}{a}e^{-\frac{n^2}{4a^2}},$$

produira dela même manière la suivante

$$\int_0^\infty e^{-a^2x^2}\left\{\phi(\alpha+x\sqrt{-1})+\phi(\alpha-x\sqrt{-1})\right\} = \frac{\sqrt{\pi}}{a}e^{-\frac{\partial^2}{4a^2}}\phi(\alpha) \quad (120)$$

$$= \frac{\sqrt{\pi}}{a}\left\{1 - \frac{\partial^2}{4a^2} + \frac{1}{2}\frac{\partial^4}{16a^4} - \frac{1}{2.3}\frac{\partial^6}{64a^6} + \text{etc.}\right\}\phi(\alpha).$$

Soit par ex. $\phi(\alpha) = \alpha^n$, on obtiendra d'après la formule précédente

$$\int_0^\infty e^{-a^2x^2}\left\{(\alpha+x\sqrt{-1})^n+(\alpha-x\sqrt{-1})^n\right\}dx$$

$$= \frac{\sqrt{\pi}}{a}\left\{\alpha^n - n.\,n-1\,\frac{\alpha^{n-2}}{(2a)^2} + \frac{1}{2}n.\,n-1.\,n-2.\,n-3\,\frac{\alpha^{n-4}}{(2a)^4} - \text{etc.}\right\}$$

Soit encore $\phi(\alpha) = \log\alpha$, on aura

$$\int_0^\infty e^{-a^2x^2}\log(a^2+x^2)\,dx = \frac{\sqrt{\pi}}{a}e^{-\frac{\partial^2}{4a^2}}\log\alpha$$

$$= \frac{\sqrt{\pi}}{a}\left\{\log\alpha + \frac{1}{(2a\alpha)^2} - \frac{3}{(2a\alpha)^4} + \frac{4.5}{(2a\alpha)^6} - \text{etc.}\right\}$$

Si dans l'équation

$$\int_{-\infty}^\infty e^{-x^2}\phi(tx\sqrt{-1}+a)\,dx = \sqrt{\pi}\,e^{-\frac{t^2\partial^2}{4}}\phi(a),$$

qui résulte dela seconde des formules (82), on écrit nx au lieu de x, et m au lieu de nt, on en tirera

$$\int_{-\infty}^{\infty} e^{-n^2x^2}\varphi\,(mx\sqrt{-1}+a)\,dx = \frac{\sqrt{\pi}}{n}\,e^{-\frac{m^2\delta^2}{4n^2}}\,\varphi(a).$$

Multipliant celle ci par la différentielle $e^{-n^2}dn$, et intégrant ensuite entre les limites $n=0$, $n=\infty$, on en déduira

$$\int_{-\infty}^{\infty}\varphi(mx\sqrt{-1}+a)\,dx\int_0^{\infty} e^{-n^2(x^2+1)}\,2n\,dn = 2\sqrt{\pi}\int e^{-n^2-\frac{m^2\delta^2}{4n^2}}\,dn\,\varphi(a)$$

ou bien, en vertu dela formule (78)

$$\int_0^{\infty}\frac{\varphi(mx\sqrt{-1}+a)}{1+x^2}\,dx = \pi\,e^{-m\delta}\,\varphi(a) = \pi\,\varphi(a-m). \quad (121)$$

Et si l'on change mx en x, on obtiendra encore

$$\int_{-\infty}^{\infty}\frac{\varphi(a+x\sqrt{-1})}{x^2+m^2}\,dx = \frac{\pi}{m}\,\varphi(a-m) \quad (122)$$

Cette formule n'est cependant applicable qu'aux fonctions qui conservent une valeur finie en y supposant $x=\pm\infty$.

38. Considérons maintenant les intégrales dela forme $\int_0^{\infty} e^{-ax}\varphi(x+\alpha)dx$. Si l'on substitue à la fonction $\varphi(x+\alpha)$, son expression identique $e^{x\delta}\varphi(\alpha)$. cette intégrale se transformera en $\int_0^{\infty} e^{-(a-\delta)x}dx\ \varphi(\alpha)$; donc à cause de $\int_0^{\infty} e^{-kx}\,dx = \frac{1}{k}$; il viendra directement

$$\int_0^{\infty} e^{-ax}\,\varphi(\alpha+x)\,dx = \left(\frac{1}{a-\delta}\right)\varphi(\alpha) \quad (123)$$

on trouverait de même

$$\int_0^{\infty} e^{-ax}\,\varphi(\alpha-x)\,dx = \left(\frac{1}{a+\delta}\right)\varphi(\alpha) \quad (124)$$

et dans le cas particulier de $\alpha=0$,

$$\int_0^\infty e^{-ax}\,\varphi(x)\,dx = \left(\frac{1}{a-\partial}\right)\varphi(0). \tag{125}$$

Chaque fois que $\varphi(x)$ sera une fonction des puissances entières et positives dela variable x, le développement en série dela fonction caractéristique $\frac{1}{a-\partial}$, devra se borner au terme affecté de ∂^n, n étant l'exposant le plus élévé qui entre dans $\varphi(x)$. Soit pour premier exemple $\varphi(x) = x^n$, il est manifeste qu'alors le développement dont il s'agit se réduira dans la formule (125) au terme unique $\frac{\partial^n}{a^{n+1}}$; ce qui fournit immédiatement le théorême connu

$$\int_0^\infty e^{-ax}\,x^n\,dx = \frac{1}{a^{n+1}}\,\partial^n\varphi(0) = \frac{1.2.3\ldots n}{a^{n+1}} \tag{126}$$

Les formules (123) (124) donneront dans ce cas

$$\int_0^\infty e^{-ax}\,(\alpha \pm x)^n dx = \frac{\alpha^n}{a}\left\{1 \pm \frac{n}{a\alpha} + \frac{n.\,n-1}{(\alpha a)^2} \mp \frac{n.\,n-1.\,n-2}{(a\alpha)^3} + \text{etc.}\right\} \tag{127}$$

Soit $a = 1$, il viendra

$$\int_0^\infty e^{-x}\,x^{n-1}\,dx = 1.2.3\ldots n-1 = \Gamma(n) \tag{128}$$

d'après la notation de *Legendre*;

ou bien $$\int_0^\infty e^{-x}\,d\,(x^n) = n\Gamma(n) = \Gamma(n+1)$$

Soit $x = t^m$, et $m = \frac{1}{n}$, cette dernière intégrale se réduira à

$$\int_0^\infty e^{-t^m}\,dt = \frac{1}{m}\,\Gamma\left(\frac{1}{m}\right) = \Gamma\left(1+\frac{1}{m}\right) \tag{129}$$

Changeant m en $\frac{m}{m-1}$, l'on obtiendra encore l'intégrale

$$\int_0^\infty e^{-t^{\frac{m}{m-1}}}\,dt = \frac{m-1}{m}\,\Gamma\left(1-\frac{1}{m}\right) \tag{130}$$

qui devient

$$\int_0^\infty e^{-t^m}\, t^{m-1}\, dt = \frac{1}{m}\,\Gamma\left(1-\frac{1}{m}\right) \tag{131}$$

en substituant t^{m-1} à la variable t.

La relation connue qui existe entre les intégrales (129) (131), peut s'établir facilement dela manière suivante. En écrivant dans la première at au lieu de t, elle deviendra

$$\int_0^\infty e^{-a^m t^m}\, a\,dt = \int_0^\infty e^{-a^m t^m}\, t\,da = \frac{1}{m}\,\Gamma\left(\frac{1}{m}\right);$$

d'où l'on tire, en prenant le produit de ces deux intégrales,

$$\begin{aligned}\Gamma\left(\frac{1}{m}\right)\Gamma\left(1-\frac{1}{m}\right) &= m^2\int_0^\infty\int_0^\infty e^{-(a^m+1)t^m}\, t^{m-1}\, dt\, da\\ &= m\int_0^\infty da\int_0^\infty e^{-(a^m+1)t^m}\, m t^{m-1}\, dt\\ &= m\int_0^\infty \frac{da}{a^m+1} = \frac{\pi}{\sin\frac{\pi}{m}}.\end{aligned} \tag{132}$$

en vertu dela formule (103). Cette rélation rémarquable nous sera utile plus loin.

Soit encore $\phi(x) = \cos mx$, la fonction $\left(\frac{1}{a-\partial}\right)\phi(0)$, se changera dans la série

$$\frac{1}{a}\left\{1-\frac{m^2}{a^2}+\frac{m^4}{a^4}-\frac{m^6}{a^6}+\text{etc.}\right\} = \frac{a}{a^2+m^2}$$

donc

$$\int_0^\infty e^{-ax}\cos mx\, dx = \frac{a}{a^2+m^2}. \tag{133}$$

On obtiendrait par un développement semblable

$$\int_0^\infty e^{-ax}\sin mx\, dx = \frac{m}{a^2+m^2}. \tag{134}$$

39. Les équations (123) (124) sont susceptibles d'êtres presentées sous

une autre forme qui en rendra l'application plus facile dans certains cas. En effet, d'après la formule (65), on peut écrire

$$\left(\frac{1}{\partial-a}\right)y = e^{ax}\int e^{-ax}y\,\mathrm{d}x\,;$$

donc $\int_0^\infty e^{-ax}\varphi(\alpha+x)\,\mathrm{d}x = \left(\frac{1}{a-\partial}\right)\varphi(\alpha) = -\,e^{a\alpha}\int e^{-a\alpha}\,\varphi(\alpha)\,\mathrm{d}\alpha.$ (135)

On obtiendra de même

$$\int_0^\infty e^{-ax}\varphi(\alpha-x)\,\mathrm{d}x = \left(\frac{1}{a+\partial}\right)\varphi(\alpha) = e^{-a\alpha}\int e^{a\alpha}\,\varphi(\alpha)\,\mathrm{d}\alpha \qquad (136)$$

Soit $\varphi(x) = \sin mx$, ce qui donnera

$$\int_0^\infty e^{-ax}\sin m\,(\alpha+x)\mathrm{d}x = -\,e^{a\alpha}\int e^{-a\alpha}\sin m\alpha\,\mathrm{d}\alpha.$$

Or, on sait que

$$\int e^{-a\alpha}\sin m\alpha\,\mathrm{d}\alpha = -\,e^{-a\alpha}\left\{\frac{a\sin m\alpha + m\cos m\alpha}{a^2+m^2}\right\},$$

d'où il suit immédiatement

$$\int_0^\infty e^{-ax}\sin m\,(\alpha+x)\,\mathrm{d}x = \frac{a\sin m\alpha + m\cos m\alpha}{a^2+m^2} \qquad (137)$$

On trouverait de même pour $\varphi(x) = \cos mx$

$$\int_0^\infty e^{-ax}\cos m\,(\alpha+x)\,\mathrm{d}x = \frac{a\cos m\alpha - m\sin m\alpha}{a^2+m^2} \qquad (138)$$

En y faisant $\alpha=0$, ces deux dernières formules donneront les valeurs de $\int_0^\infty e^{-ax}\sin mx\,\mathrm{d}x$, $\int_0^\infty e^{-ax}\cos mx\,\mathrm{d}x$, déjà trouvées ci-dessus, sans recourir à l'intégration. Si l'on différentie celles ci n fois par rapport à a, elles conduiront aux intégrales

$$\left.\begin{aligned}\int_0^\infty e^{-ax}x^n\sin mx\,\mathrm{d}x &= \pm\,\partial_a^n\left(\frac{m}{a^2+m^2}\right)\\ \int_0^\infty e^{-ax}x^n\cos mx\,\mathrm{d}x &= \pm\,\partial_a^n\left(\frac{a}{a^2+m^2}\right)\end{aligned}\right\} \qquad (139)$$

selon que n est un nombre pair ou impair.

Les valeurs de ces deux coefficiens différentiels de l'ordre n, peuvent être exprimées d'une manière générale. On trouve en effet, au moyen d'un procédé que nous avons fait connaître ailleurs (*), qu'en posant

$$a^2+m^2=p^2. \quad m=p\sin\varphi. \quad a=p\cos\varphi.$$

on aura

$$\pm\,\partial^n_a\left(\frac{m}{a^2+m^2}\right)=\frac{1.2.3\ldots n}{p^{n+1}}\sin(n+1)\varphi.$$

$$\pm\,\partial^n_a\left(\frac{a}{a^2+m^2}\right)=\frac{1.2.3\ldots n}{p^{n+1}}\cos(n+1)\varphi.$$

Or, à cause que les intégrales (139) s'évanouissent pour $a=\infty$, il suit dela théorie des fonctions complémentaires, que ces dernières valeurs seront également applicables au cas où n soit un nombre fractionnaire; de sorte que l'on peut présenter ces intégrales sous la forme suivante.

$$\int_0^\infty e^{-ax}\,x^{n-1}\sin mx\,dx=\frac{\Gamma(n)}{(a^2+m^2)^{\frac{n}{2}}}\sin n\,\text{Arc}\left(\text{tg}=\frac{m}{a}\right).$$

$$\int_0^\infty e^{-ax}\,x^{n-1}\cos mx\,dx=\frac{\Gamma(n)}{(a^2+m^2)^{\frac{n}{2}}}\cos n\,\text{Arc}\left(\text{tg}=\frac{m}{a}\right). \tag{140}$$

Et puisque l'exposant n pourra aussi être pris négativement dans les équations (139), il viendra encore, en le considérant comme tel, et observant que $\Gamma(1-n)=-n\,\Gamma(-n)$,

$$\int_0^\infty \frac{e^{-ax}}{x^{n+1}}\sin mx\,dx=\frac{(a^2+m^2)^{\frac{n}{2}}}{n}\Gamma(1-n)\sin n\,\text{Arc}\left(\text{tg}=\frac{m}{a}\right).$$

$$\int_0^\infty \frac{e^{-ax}}{x^{n+1}}\cos mx\,dx=-\frac{(a^2+m^2)^{\frac{n}{2}}}{n}\Gamma(1-n)\cos n\,\text{Arc}\left(\text{tg}=\frac{m}{a}\right). \tag{141}$$

Quant à la valeur dela transcendante $\Gamma(1-n)$, on aura en vertu des équations (128), (129), (130), (132).

(*) *Journal de M. Crelle*. Vol. XI. pag. 169.

$$\Gamma(1-n)=\int_0^\infty e^{-x}x^{-n}dx=\int_0^\infty e^{-x^{-\frac{1}{n}}}dx=\frac{1}{1-n}\int_0^\infty e^{-x^{\frac{1}{1-n}}}dx=\frac{\pi}{\sin n\pi}\,\frac{1}{\Gamma(n)}$$

n étant supposé <1.

40. Les formules générales auxquelles nous venons de parvenir renferment plusieurs conséquences rémarquables, dont nous allons faire connaitre quelques unes. D'abord, en remettant, pour simplifier, ϕ à la place de l'arc $\left(\text{tg}=\frac{m}{a}\right)$, on obtiendra, après avoir multiplié les équations (140) respectivement par $\sin n\phi$, $\cos n\phi$, pour la somme de ces produits

$$\int_0^\infty x^{n-1}\,e^{-ax}\cos(mx-n\phi)\,dx=\frac{\Gamma(n)}{(a^2+m^2)^{\frac{n}{2}}}=\frac{\Gamma(n)\cos^n\phi}{a^n}.$$

Et en prenant n négatif (142)

$$\int_0^\infty \frac{e^{-ax}}{x^{n+1}}\cos(mx+n\phi)\,dx=-\frac{\Gamma(1-n)}{n}(a^2+m^2)^{\frac{n}{2}}=\frac{\Gamma(1-n)}{-n}\,a^n\sec^n\phi.$$

Si l'on suppose $a=0$, les formules précédentes se réduiront à celles ci

$$\int_0^\infty x^{n-1}\sin mx\,dx=\frac{\Gamma(n)}{m^n}\sin\frac{n\pi}{2}.$$

(143)

$$\int_0^\infty x^{n-1}\cos mx\,dx=\frac{\Gamma(n)}{m^n}\cos\frac{n\pi}{2}.$$

ou bien, en écrivant n au lieu de $n-1$

$$\int_0^\infty x^n\sin mx\,dx=\frac{\Gamma(1+n)}{m^{1+n}}\cos\frac{n\pi}{2}.$$

(144)

$$\int_0^\infty x^n\cos mx\,dx=\frac{\Gamma(1+n)}{m^{1+n}}\sin\frac{n\pi}{2}.$$

$$\int_0^\infty \frac{\sin mx}{x^n}\,dx=\frac{\Gamma(1-n)}{m^{1-n}}\cos\frac{n\pi}{2}.$$

(145)

$$\int_0^\infty \frac{\cos mx}{x^n}\,dx=\frac{\Gamma(1-n)}{m^{1-n}}\sin\frac{n\pi}{2}.$$

$$\int_0^\infty \frac{\sin mx}{x^{n+1}}\,dx = \frac{m^n}{n}\,\Gamma(1-n)\sin\frac{n\pi}{2},$$
$$\int_0^\infty \frac{\cos mx}{x^{n+1}}\,dx = -\frac{m^n}{n}\,\Gamma(1-n)\cos\frac{n\pi}{2}. \tag{146}$$

Les formules (146) coincident avec celles trouvées par *Laplace*, à l'aide du passage du réel à l'imaginaire (*).

Soit $n=\frac{1}{2}$, dans ce cas on aura $\Gamma(n)=\sqrt{\pi}$, et les formules (145) donneront

$$\int_0^\infty \frac{\sin mx}{\sqrt{x}}\,dx = \sqrt{\frac{\pi}{2m}}. \qquad \int_0^\infty \frac{\cos mx\,dx}{\sqrt{x}} = \sqrt{\frac{\pi}{2m}}. \tag{147}$$

On tire encore des formules (142),

$$\int_0^\infty x^{n-1}\cos\left(\frac{n\pi}{2}-mx\right)dx = \frac{\Gamma(n)}{m^n},$$
$$\int_0^\infty \cos\left(\frac{n\pi}{2}+mx\right)\frac{dx}{x^{n+1}} = m^n\,\Gamma(-n) = -\frac{m^n}{n}\,\Gamma(1-n). \tag{148}$$

En combinant les formules (143), (145), il en résultera les rélations suivantes

$$\int_0^\infty x^{n-1}\sin mx\,dx \times \int_0^\infty \frac{\sin mx}{x^n}\,dx = \frac{\pi}{2m},$$
$$\int_0^\infty x^{n-1}\cos mx\,dx \times \int_0^\infty \frac{\cos mx}{x_n}\,dx = \frac{\pi}{2m}; \tag{149}$$

n étant un nombre fractionnaire.

41. Plus généralement on aura, en différentiant l'équation (125), $n-1$ fois par rapport à l'élément a

$$\int_0^\infty x^{n-1}\,e^{-ax}\,\phi(x)\,dx = 1.2.3\ldots n-1\left(\frac{1}{a-\delta}\right)^n \phi(0).$$

(*) *Journal de l'école polyt. XV cahier.* p. 250. *Théorie anal. des prob.* (addit.) p. 484.

D'ailleurs, puisqu'on a d'après la formule (70),

$$(-1)^n \left(\frac{1}{a-\partial}\right)^n \phi(x) = e^{ax} \,{}^n\!\!\int e^{-ax} \phi(x)\, dx^n$$

il viendra $\displaystyle\int_0^\infty x^{n-1} e^{-ax} \phi(x)\, dx = \pm \Gamma(n)\, e^{ax} \,{}^n\!\!\int e^{-ax} \phi(0) dx^n$ (150)

selon que n est paire ou impaire; ou bien en développant la fonction caracteristique $\left(\frac{1}{a-\partial}\right)^n$, et écrivant y_x au lieu de $\phi(x)$

$$\int_0^\infty x^{n-1} e^{-ax} y_x dx = \pm\frac{\Gamma(n)}{a^n}\left\{y_0 + \frac{n}{a}\partial y_0 + \frac{n.n+1}{2a^2}\partial^2 y_0 + \frac{n.n+1.n+2}{2.3.a^3}\partial^3 y_0 + \text{etc.}\right\}; \quad (151)$$

série qui s'arrêtera à un nombre fini de termes, toutes les fois que y_x sera une fonction des puissances entières et positives de x.

Si l'on prend n négatif, ainsi qu'il est permis de le faire, d'après la théorie des fonctions complémentaires, il viendra encore

$$\int_0^\infty \frac{e^{-ax}}{x^{n+1}} y_x dx = \pm a^n \Gamma(-n)\left\{y_0 - \frac{n}{a}\partial y_0 + \frac{n.n-1}{2a^2}\partial^2 y_0 - \frac{n.n-1.n-2}{2.3.a^3}\partial^3 y_0 + \text{etc.}\right\} \quad (152)$$

Soit par exemple $y_x = \sin mx$, on trouvera par cette dernière formule

$$\int_0^\infty \frac{e^{-ax}}{x^{n+1}} \sin mx\, dx = -\Gamma(-n)\, a^n \left\{\frac{nm}{a} - \frac{n.n-1.n-2}{2.3}.\frac{m^3}{a^3} + \text{etc.}\right\}$$
$$= -\frac{\Gamma(-n)a^n}{2\sqrt{-1}}\left\{\left(1+\frac{m}{a}\sqrt{-1}\right)^n - \left(1-\frac{m}{a}\sqrt{-1}\right)^n\right\}$$
$$= -\frac{\Gamma(-n)}{2\sqrt{-1}}\left\{(a+m\sqrt{-1})^n - (a-m\sqrt{-1})^n\right\}.$$

Ce resultat qui, au premier abord, semble s'écarter de celui donné par la première des équations (141), s'y ramène immédiatement en remplaçant les quantités a, m, par leurs valeurs $p\cos\phi$, $p\sin\phi$; ce qui donnera

$$\frac{(a+m\sqrt{-1})^n-(a-m\sqrt{-1})^n}{2\sqrt{-1}} = p^n\left(\frac{e^{n\phi\sqrt{-1}} - e^{-n\phi\sqrt{-1}}}{2\sqrt{-1}}\right) = (a^2+m^2)^{\frac{n}{2}} \sin n\,\text{Arc}\left(\text{tg} = \frac{m}{a}\right)$$

En faisant $y_x = \cos mx$, on aurait obtenu pareillement

$$\int_0^\infty \frac{e^{-ax}}{x^{n+1}} \cos mx\, dx = \frac{\Gamma(-n)}{2}\left\{(a+m\sqrt{-1})^n + (a-m\sqrt{-1})^n\right\} = \Gamma(-n)\, p^n \cos m\phi.$$

Une simple intégration dela formule (125) multipliée par da, conduira encore à la suivante,

$$\int_0^\infty e^{-ax} y_x \frac{dx}{x} = -\,l\,(a-\partial)y_0$$

$$= -\,l\,ay_0 + \frac{1}{a}\partial y_0 + \frac{1}{2a^2}\partial^2 y_0 + \frac{1}{3a^3}\partial^3 y_0 + \text{etc.} \quad (153)$$

La supposition de $y_x = \sin mx$, fera disparaitre tous les termes impairs de cette série, de sorte qu'il en résultera

$$\int_0^\infty e^{-ax} \sin mx \frac{dx}{x} = \frac{m}{a} - \frac{1}{3}\frac{m^3}{a^3} + \frac{1}{5}\frac{m^5}{a^5} - \text{etc.} = \text{Arc}\left(\text{tg} = \frac{m}{a}\right) \quad (154)$$

On parviendrait de la même manière à

$$\int_0^\infty e^{-ax} \cos mx \frac{dx}{x} = \frac{1}{2}\log\left(\frac{a^2}{a^2+m^2}\right) \quad (155)$$

42. Voici encore quelques théorémes généraux qui peuvent être déduits des deux formules trouvées ci dessus (n.° 38.)

$$\int_0^\infty e^{-ax} \sin mx\, dx = \frac{m}{a^2+m^2}. \qquad \int_0^\infty e^{-ax} \cos mx\, dx = \frac{a}{a^2+m^2}.$$

Substituons la caractéristique ∂ à la quantité a, on en tirera de suite, pour toute fonction quelconque $\phi(\alpha)$,

$$\int_0^\infty \phi(\alpha - x) \sin mx\, dx = \left(\frac{m}{m^2+\partial^2}\right)\phi(\alpha)$$

$$= \frac{1}{m}\left\{1 - \frac{\partial^2}{m^2} + \frac{\partial^4}{m^4} - \text{etc.}\right\}\phi(\alpha). \quad (156)$$

ou bien, en prenant x négatif

$$\int_0^{-\infty} \phi(\alpha + x) \sin mx\, dx = \left(\frac{m}{m^2+\partial^2}\right)\phi(\alpha). \quad (157)$$

$$\int_0^\infty \varphi(\alpha-x)\cos mx\,dx=\left(\frac{\partial}{m^2+\partial^2}\right)\varphi(\alpha)$$
$$=\frac{1}{m^2}\left\{\partial-\frac{\partial^3}{m^2}+\frac{\partial^5}{m^4}-\text{etc.}\right\}\varphi(\alpha),\quad(158)$$
$$\int_0^{-\infty}\varphi(\alpha+x)\cos mx\,dx=\left(\frac{-\partial}{m^2+\partial^2}\right)\varphi(\alpha);\quad(159)$$

formules dont les applications n'offriront aucune difficulté chaque fois que la fonction $\varphi(\alpha)$ sera telle que son coefficient différentiel de l'ordre n puisse s'exprimer d'une manière générale.

Les résultats que nous venons d'obtenir sont susceptibles d'être transformés en intégrales ordinaires, ainsi qu'on va le voir.

D'après la formule (65) on a

$$\left(\frac{1}{\partial+m}\right)y=e^{-mx}\int e^{mx}y\,dx,\qquad\left(\frac{1}{\partial-m}\right)y=e^{mx}\int e^{-mx}y\,dx,$$

d'où l'on tire par addition et soustraction,

$$\left(\frac{2\partial}{\partial^2-m^2}\right)y=e^{mx}\int e^{-mx}y\,dx+e^{-mx}\int e^{mx}y\,dx,$$
$$\left(\frac{2m}{\partial^2-m^2}\right)y=e^{mx}\int e^{-mx}y\,dx-e^{-mx}\int e^{mx}y\,dx.\quad(160)$$

Si l'on change m en $m\sqrt{-1}$, et qu'on remplace l'exponentielle $e^{\pm mx\sqrt{-1}}$ par sa valeur en fonctions circulaires, on trouvera, après une légère réduction,

$$\left(\frac{\partial}{\partial^2+m^2}\right)y=\cos mx\int y\cos mx\,dx+\sin mx\int y\sin mx\,dx.$$
$$\left(\frac{m}{\partial^2+m^2}\right)y=\sin mx\int y\cos mx\,dx-\cos mx\int y\sin mx\,dx.\quad(161)$$

Donc, en appliquant ces valeurs aux formules (156)(158), il en résultera

$$\int_0^\infty\varphi(\alpha-x)\sin mx\,dx=\sin m\alpha\int\cos m\alpha\,\varphi(\alpha)\,d\alpha-\cos m\alpha\int\sin m\alpha\,\varphi(\alpha)\,d\alpha.$$
$$(162)$$
$$\int_0^\infty\varphi(\alpha-x)\cos mx\,dx=\cos m\alpha\int\cos m\alpha\,\varphi(\alpha)\,d\alpha+\sin m\alpha\int\sin m\alpha\,\varphi(\alpha)\,d\alpha.$$

Les mêmes équations (133) (134) donneront encore, en écrivant successivement ∂ et $\partial\sqrt{-1}$, à la place de m.

$$\int_0^\infty e^{-ax}(e^{x\partial\sqrt{-1}}+e^{-x\partial\sqrt{-1}})\,dx=\frac{2a}{\partial^2+a^2},\quad \int_0^\infty e^{-ax}(e^{x\partial\sqrt{-1}}-e^{-x\partial\sqrt{-1}})\,dx=\frac{2\partial\sqrt{-1}}{\partial^2+a^2},$$

$$\int_0^\infty e^{-ax}(e^{x\partial}+e^{-x\partial})\,dx=\frac{2a}{a^2-\partial^2},\qquad \int_0^\infty e^{-ax}(e^{x\partial}-e^{-x\partial})\,dx=\frac{2\partial}{a^2-\partial^2},$$

d'où l'on déduit par la théorie des caractéristiques, les équations suivantes

$$\left.\begin{aligned}&\int_0^\infty e^{-ax}\left\{\varphi(\alpha+x\sqrt{-1})+\varphi(\alpha-x\sqrt{-1})\right\}dx=\left(\frac{2a}{\partial^2+a^2}\right)\varphi(\alpha)\\ &\int_0^\infty e^{-ax}\left\{\varphi(\alpha+x\sqrt{-1})-\varphi(\alpha-x\sqrt{-1})\right\}dx=2\sqrt{-1}\left(\frac{\partial}{\partial^2+a^2}\right)\varphi(\alpha)\end{aligned}\right\}\quad(163)$$

$$\left.\begin{aligned}&\int_0^\infty e^{-ax}\left\{\varphi(\alpha+x)+\varphi(\alpha-x)\right\}dx=\left(\frac{2a}{a^2-\partial^2}\right)\varphi(\alpha)\\ &\int_0^\infty e^{-ax}\left\{\varphi(\alpha+x)-\varphi(\alpha-x)\right\}dx=\left(\frac{2\partial}{a^2-\partial^2}\right)\varphi(\alpha)\end{aligned}\right\}\quad(164)$$

dont les seconds membres peuvent être transformés en intégrales ordinaires, en vertu des formules (160) (161).

Il est remarquable que les équations (158) (159) conduisent d'une manière très simple aux théorèmes importans dus à *Fourier*, pour exprimer les fonctions arbitraires au moyen d'intégrales définies. (*)

En effet, en prenant α négatif, la première donnera

$$\int_0^\infty \varphi(-(\alpha+x))\cos mx\,dx=\left(\frac{\partial}{\partial^2+m^2}\right)\varphi(-\alpha)$$

d'ailleurs (165)

$$\int_0^{-\infty} \varphi(\alpha+x)\cos mx\,dx=-\left(\frac{\partial}{\partial^2+m^2}\right)\varphi(\alpha)$$

(*) *Théorie dela chaleur chap. IX.* L'illustre auteur y a demontré ses théorèmes par le passage du fini a l'infini. J'ignore si jusqu'ici quelque géomètre en ait donné une démonstration directe.

Supposons maintenant la fonction $\varphi(\alpha)$ telle que $\varphi(\alpha)=\varphi(-\alpha)$; les deux dernières équations fourniront, en soustrayant la seconde de la première

$$\int_{-\infty}^{\infty}\varphi(\alpha+x)\cos mx\,dx=\left(\frac{2\partial}{\partial^2+m^2}\right)\varphi(\alpha).$$

Multiplions chaque membre de celle ci par dm, et intégrons ensuite entre les limites o et ∞; il viendra, en observant que $\int_0^{\infty}\frac{a\,dm}{a^2+m^2}=\frac{\pi}{2}$

$$\int_{-\infty}^{\infty}\varphi(\alpha+x)\,dx\int_0^{\infty}\cos mx\,dm=\pi\,\varphi(\alpha).$$

Donc en permutant les lettres α, x,

$$\int_{-\infty}^{\infty}\varphi(\alpha+x)\,d\alpha\int_0^{\infty}\cos m\alpha\,dm=\pi\,\varphi(x). \tag{166}$$

Posons $\alpha+x=u$, les limites de l'intégrale par rapport à α resteront les mêmes; on aura ainsi

$$\varphi(x)=\frac{1}{\pi}\int_{-\infty}^{\infty}\varphi(u)\,du\int_0^{\infty}\cos m\,(u-x)\,dm. \tag{167}$$

Si l'on développe le terme $\cos m(u-x)$, et qu'on ait égard aux équations

$$\int_{-\infty}^{\infty}\varphi(u)\cos mu\,du=2\int_0^{\infty}\varphi(u)\cos mu\,du,$$

$$\int_{-\infty}^{\infty}\varphi(u)\sin mu\,du=0,$$

qui résultent dela propriété supposée à la fonction φ, on obtiendra pour les fonctions de cette espèce

$$\begin{aligned}\varphi(x)&=\frac{2}{\pi}\int_0^{\infty}\varphi(u)\cos mu\,du\int_0^{\infty}\cos mx\,dm\\&=\frac{2}{\pi}\int_0^{\infty}\int_0^{\infty}\varphi(u)\cos mu\cos mx\,du\,dm\end{aligned} \tag{168}$$

Soit à présent $\psi(x)$ une fonction de x telle que $\psi(x)=-\psi(-x)$, les formules (165) donneront encore dans ce cas,

$$\int_{-\infty}^{\infty}\psi(\alpha+x)\cos mx\, dx=\left(\frac{\partial^2}{\partial^2+m^2}\right)\psi(\alpha);$$

d'où l'on déduira de même que ci-dessus,

$$\psi(x)=\frac{1}{\pi}\int_{-\infty}^{\infty}\psi(u)\,du\int_0^{\infty}\cos m(u-x)\,dm. \qquad (169)$$

Développant le terme $\cos m(u-x)$, en ayant égard aux équations

$$\int_{-\infty}^{\infty}\psi(u)\cos mu\, du=0,$$

$$\int_{-\infty}^{\infty}\psi(u)\sin mu\, du=2\int_0^{\infty}\psi(u)\sin mu\, du;$$

on en tirera

$$\psi(x)=\frac{2}{\pi}\int_0^{\infty}\sin mx\, dm\int_0^{\infty}\psi(u)\sin mu\, du$$

$$=\frac{2}{\pi}\int_0^{\infty}\int_0^{\infty}\psi(u)\sin mu\sin mx\, dm\, du. \qquad (170)$$

Et puisque toute fonction $F(x)$ peut être considérée comme la somme des fonctions $\phi(x)$, $\psi(x)$, les équations (167) (169) donneront évidemment, quelle que soit la fonction $F(x)$,

$$F(x)=\frac{1}{\pi}\int_{-\infty}^{\infty}F(u)\,du\int_0^{\infty}\cos m(u-x)\,dm, \qquad (171)$$

théorème qu'il s'agissait d'établir.

Nous croyons que ce qui précède suffira pour faire connaitre l'esprit dela théorie des caractéristiques, et la facilité qu'elle apporte dans le développement des fonctions, ainsi que dans l'évaluation d'une classe nombreuse d'intégrales définies. Mais les grands avantages de cette théorie se montrent surtout dans son application à l'intégration des équations linéaires aux différentielles totales et partielles. Les recherches que nous avons entamées sur cette matière, formeront l'objet de deux mémoires subséquens que nous nous proposons de soumettre également au jugement des géomètres, et auxquels le présent travail pourra servir d'introduction.

Septembre 1834.

www.ingramcontent.com/pod-product-compliance
Ingram Content Group UK Ltd.
Pitfield, Milton Keynes, MK11 3LW, UK
UKHW021222230726
13926UKWH00003B/1171

9 782013 573368